# 人力数据驱动组织变革

[英] 托比·卡尔肖（Toby Culshaw） 著
刘俐宏 译

中国科学技术出版社
·北 京·

北京市版权局著作权合同登记 图字：01-2024-4678

**图书在版编目（CIP）数据**

人力数据驱动组织变革 /（英）托比·卡尔肖
(Toby Culshaw) 著；刘俐宏译 . -- 北京：中国科学技
术出版社，2024. 10. -- ISBN 978-7-5236-1019-0
Ⅰ. TP274
中国国家版本馆 CIP 数据核字第 2024Z0C603 号

| | | | |
|---|---|---|---|
| **策划编辑** | 杜凡如　于楚辰 | **执行策划** | 于楚辰 |
| **责任编辑** | 童媛媛 | **执行编辑** | 何　涛 |
| **封面设计** | 北京潜龙 | **版式设计** | 蚂蚁设计 |
| **责任校对** | 邓雪梅 | **责任印制** | 李晓霖 |

| | |
|---|---|
| **出　　版** | 中国科学技术出版社 |
| **发　　行** | 中国科学技术出版社有限公司 |
| **地　　址** | 北京市海淀区中关村南大街 16 号 |
| **邮　　编** | 100081 |
| **发行电话** | 010-62173865 |
| **传　　真** | 010-62173081 |
| **网　　址** | http://www.cspbooks.com.cn |

| | |
|---|---|
| **开　　本** | 880mm × 1230mm　1/32 |
| **字　　数** | 225 千字 |
| **印　　张** | 10.875 |
| **版　　次** | 2024 年 10 月第 1 版 |
| **印　　次** | 2024 年 10 月第 1 次印刷 |
| **印　　刷** | 大厂回族自治县彩虹印刷有限公司 |
| **书　　号** | ISBN 978-7-5236-1019-0 / TP · 497 |
| **定　　价** | 69.00 元 |

谨以此书献给我的父亲。

您是我最有力的支持者。您善良、慷慨、幽默、聪明、慈祥、勇敢，永远保持乐观。

您是所有人都希望拥有的父亲。

在我心中，您无比重要。您深爱着我，正如我深爱着您。

我们的生活中曾属于您的那个位置将永远存在。我无时无刻不在思念着您。撰写此书之时，脑海中不时浮现着我们父子间的对话。

我想，您一定会为我感到自豪。

谢谢您做的一切。

没有数据，你只能提意见，无法做决策。

——爱德华兹·戴明（Edwards Deming）

# 序 言

人才情报（talent intelligence）[①]已成为商业领域最重要的新学科之一。如今我们可以使用数据分析手段来了解劳动力市场、企业劳动力和企业架构。这是前所未有的变化。

以往，企业通常是基于众多孤立的功能部门运作。招聘团队负责寻找候选人；培训部门负责加强新员工的能力建设；人力资本分析团队负责调查高离职率或劳动纠纷的原因；劳动力规划团队则与财务部门合作，负责调整人员编制和组织结构。

如今，这种模式已不再适用。各行各业都在向新的商业模式、新的交易类型转型。比如，石油公司正在进军太阳能和氢能领域；电信公司正在进军数字服务、支付和咨询领域；银行正在进军加密货币和网络业务领域；各类零售企业正在进军医疗、快递和全渠道分销等领域。

新业态下，企业的首席执行官和首席人力资源官必须配备和组建一支新团队，团队成员应掌握新技能、适用新的薪酬结构、踏上新的职业赛道。那么，传统模式还可行吗？答

---

① 人才情报，全球人才招聘领域流行语。可定义为公司用于收集和分析有关竞争对手的人才库、技能、工作和职能的外部数据，然后用这些数据获得竞争优势的过程。——编者注

案是否定的。

过去两年的研究表明，“四 R 组合”，即招聘（recruiting）、保留（retention）、再培训（reskilling）和再设计（redesign），才是可行的发展之路。企业需要全面审视候选人技能、组织结构、薪酬模式和工作安排。那么，谁能帮助企业高管做出此类决策？答案是人才情报团队。

人才情报是招聘分析、劳动力技能分析、劳动力规划和人力资本分析合并而成的新领域，是劳动市场经济学家与劳动力规划师相结合的新角色，能够帮助企业开展招聘和培训等工作。

我对托比撰写此书表达诚挚的敬意，他帮助我们认识未来人才情报的地位和作用。人才情报是一个重要的战略新领域。我相信它将以前所未有的方式将数据和人工智能带入商业领域。

**乔希 · 伯辛（Josh Bersin），全球行业分析师**

# 前言

注意那只迈着太空步的熊!

2008 年，伦敦交通局开展了一项活动，旨在提高自行车骑行者的道路安全意识。一段时长几分钟的短视频被用于“意识测试”，该视频被各地的电影院推出后，继而在网上传播。截至笔者落笔之时，这段视频在油管（YouTube）上已播放超过 2500 万次。该视频首先要求观众在一场短时篮球比赛中数出两支参赛队的传球次数，两支参赛队分别穿着黑白两色球服。由于观众的注意力集中在快速穿过视野的篮球上，一个装扮成熊迈着太空步的人被忽略了。此人穿过观众的视野，走过两队中间。视频结束后，观众被告知这只熊的存在。十多年来，这项活动以及商业世界中的平行盲点概念一直萦绕在我的脑海之中。

盲点是指在视野范围内，你应见却未见的区域。专家解释道：“我们的大部分决定是在无意识的状态下做出的。无意识思维创造了盲点，无意识偏差缩小了你的视野，并潜在地影响了你的行为。”我的疑问也由此而生：我们是否可以为领导层提供充分的情报来凸显这些盲点，以减少领导层做出错误决策的风险？

我们是否经常过于关注公开的活动，关注被要求关注的领域，关注那些响亮之音和显眼之物？领导者在做决策时是否会基于直觉？有多少决策基于直觉，从而导致那只迈着太空步从组织视野中穿行而过的熊被忽视了？在商业环境中，迈着太空步的熊是指什么？盲点是什么？如何通过有效的劳动力市场信息和人才情报来消除这些盲点？

在本书中，我们将定义人才情报，并解决以下几个疑问：情报收集的各种形式以及围绕数据收集的道德规范是什么？人才情报与人力资源分析之间的区别是什么？如何着手开展人才情报工作、发现警告信号并构建商业案例？未来我们可以支持的项目类型有哪些？成功的衡量标准是什么，我们如何衡量和把握？应该在企业的何处设置人才情报职能？人才情报的成熟历程是何模样？企业的内部和外部环境中，有何种工具和资源？通过什么方式来构建人才情报职能？招聘人员在人才情报职能中扮演何种角色？人才情报的职业路径怎样？哪些公司已着手开展人才情报工作？何为“好”的人才情报？在展望未来、预测前景之前，让我们认真思考一下：人才情报行业的未来是什么？

# 目录

## 第7章 人才情报职能在组织内的位置



## 第8章 人才情报成熟度模型



## 第9章 工具和资源

## 第10章 人才情报团队的潜在结构



## 第11章 团队中所需的角色和技能



## 第12章 职业规划

# 第 1 章

# 概述

如何在团队或组织中加强人才情报功能？深入探讨这一问题之前，我们首先应明确人才情报的定义，了解人才情报不可或缺的原因，探究人才情报演变至今的路径。

## 什么是人才情报？

广义上的人才情报有两个定义，分别来自两个不同的阵营。

业内经常引用的人才情报的定义是：

> 指应用与人员、技能、工作、职能、竞争对手和地域有关的外部数据来推动商业决策。

这一定义被大多数人才情报领域的从业者广泛接受。事实上，在 2021 年的“人才情报社区基准调查”中，80% 以上的受访者完全认同这一定义，其中 73% 的受访者是业内人士和最终用户，16% 的受访者是外部研究公司和人才咨询公司，其余 11% 的受访者是供应商和平台。然而，我认为这一定义不够全面，未包括更广泛的供应商生态系统。

在人才科技实验室（Talent Tech Labs）发布的《人才情

报的崛起》（*The Rise of Talent Intelligence*）中，该实验室对人才情报的定义如下：

> 泛指各类工具和技术平台，这类工具和平台可利用人工智能分析公司招聘系统中以及网络上公开的大量数据，提供应聘者画像，帮助客户做出更好的人才战略决策。

我基本同意这一定义，但同时认为该定义局限于工具和技术平台以及人工智能的应用，而忽略了大量的人才情报从业者及人才情报的其他方面。

其他供应商对该定义的看法略有不同，比如，人才平台Eightfold。

Eightfold对自己描述如下："深度学习的人才情报平台……由全球最大的人才数据集驱动，致力于释放员工、应聘者、承包商和公民等劳动力集体的全部潜力。Eightfold的平台技术不仅可洞悉劳动力的综合能力，还可了解个体的已有能力、邻近技能和实际学习能力，为人才战略提供清晰的导向。"正如Eightfold的平台内容主管托德·拉斐尔（Todd Raphael）所言：

> 人才情报是指利用人工情报在整个员工生命周期中做出更好的决策。其显著的变化在于，几年前，客户及潜在客户主要将其用于招聘和采购环节。如今，大家着力探寻更好的情报，将其应用于管理临时工等事项，以及在企业内部为员工匹配新工作，从而避免员工跳槽……人才情报可以利用技

术更好地了解人才的职业潜力……人才情报拥有人工智能驱动下的未来洞察力。

在以上定义中，我发现一些与供应商生态系统相当明显的冲突，即人才情报聚焦人才的生命周期，以及改造这一生命周期中企业内部常见数据的技术应用，而人才情报从业者则更加关注外部劳动力市场数据及洞察力的应用，以推动商业决策。

鉴于这种定义上的冲突，我认为我们需要一个更加统一、全面的定义，人才情报的定义建议如下：

指通过应用与人员、技能、工作、职能、竞争对手和地域有关的技术、科学、洞察力和情报，提升内部与外部人员数据的价值，以推动商业决策。

此外，我们还需要全面考虑"人才情报"一词的应用场景，即它是应用于一个团队、一个职能，还是一个行动？可以说，这取决于背景。我建议，采用以下分类方法。

专有名词：我们通常所指的是人才情报的职能、行业、平台和领域。

- "基于人才情报职能，应用数据科学生成战略洞察力。"
- "高级领导团队已经投资了一个综合人才情报平台，以洞察其整个人力资源生态系统。"

名词：指的是人才情报的产出和可交付成果。

- "人才招募和劳动力规划团队已经创建了专门的人才情

报报告，强调未来的关键技能差距以及与外部市场的差距。”

动词：指的是搜集人才情报的行动和流程。

- “通过有针对性的人才情报搜集流程，发掘竞争对手的组织结构及其市场开拓战略。”

在本书中，我会将“人才情报”用作动词、名词和专有名词，或用作完成人才情报活动和产生人才情报报告的职能部门或卓越中心。这似乎是语义学的研究范畴，但我认为明确这个词语的含义非常重要。在整个行业中，人才情报的定义和使用比较混乱，所以设定一些明确的原则是有益的。

从随后章节可知，收集、存储、分析、拓展、合并和显示数据的方式不尽相同，数据使用方式及客户群之间也存在差异。但人才情报的核心都是利用外部劳动力市场数据来推动企业内部的战略发展，评估其可行性，并消除其决策风险。

## 为什么需要人才情报？

自 2008 年普华永道首席执行官问卷调查启动以来，关键技能可用性每年都是一个主要关注点。自 2009 年以来，人们对其的关注度逐年增加。普华永道在新冠疫情期间的一份问卷调查强调，鉴于现实挑战和极大的不确定性，如今不是进行小规模渐进式变革的时候，而是需要全面反思人才战略。新冠疫情对劳动力市场的影响极具挑战性，进一步增加了全面反思的迫切性。如何工作、何处工作，以及如何与雇主相处，正在被重新定义，而有效的人才情报可以在这一变革中发挥关键作用。

通过此次问卷调查，普华永道注意到：仅有 34% 的首席执行官认为人力资源部门已为未来挑战做好了准备。即使在新冠疫情之前，2018 年光辉国际（Korn Ferry）的一项研究预测，到 2030 年，全球劳动力将急剧短缺，技术工人缺口将超过 8500 万，进而导致 84 520 亿美元[①] 的收入损失，这相当于德国和日本的国民生产总值之和。新冠疫情期间及其之后，人才的快速重新分配很可能会增加这种劳动力短缺和人才错配的速度。

变革时期的人才情报尤其重要。在这一时期，人们需要以数据为基础的果断决策。当前，不同的趋势和力量共同影响着商业活动。随着企业慢慢恢复活力，潜在的技能差距可能会拉大企业间的差距，这种差距甚至可能因新冠疫情所带来的数字化转型加速而进一步加剧。

许多数字化转型案例正在发生。Company X 365 公司的副总裁贾里德·斯帕塔罗（Jared Spataro）称：

> 如今，每天平均有超过 2 亿用户使用 Company X Teams 参加线上会议，会议总时长超过 41 亿分钟，Company X Teams 的日活跃用户超过 7500 万……在这个一切皆可远程的时代，我们在两个月内见证了原本需两年才能完成的数字化转型。

---

① 1 美元≈ 7.2404 人民币（按 2024 年 7 月本书编辑时汇率）。——编者注

所有这些变化和转型，都在提醒着各类组织必须以前所未有的速度加快调整。各大企业正集体向新领域迈进，不断寻求新技能。

变化带来机遇。人才领导者迎来了登上舞台中心的新时代，并将以全新的方式影响战略和业务方向。后疫情时代，人才职能部门可以真正成为决定企业欣欣向荣或是艰难求存的关键因素。

此外，鉴于外部劳动力市场数据供应商的增加，当前专门的人才情报职能正在组织内部快速形成。

## 人才情报简史

掌握人才情报的含义及相关背景之后，我们来进一步了解人才情报的发展现状。请先思考以下问题：为何人才情报出现的时间并不长？为何当前人才情报开始了加速发展？当前，人才情报领域是否有新功能出现？

经过调查，自20世纪90年代中期开始，就有零星使用"人才情报"一词的记录。早期，人才情报主要是指对组织内部人才的分析与情报，关注对象为内部员工，主要工作由人力资源分析专家完成，是一项旨在优化人才管理的新职能。麦肯锡（McKinsey）咨询公司在其1997年发表的文章和2001年出版的书籍《人才战争》（*The War for Talent*）中，对"人才情报"这一新概念进行了解读。但这一新生词在当时并未真正流行起来。直至10年后，"人才情报"才真正作为一个术语重新面世，并且其重点和方向都有了新的变化。对此，个中缘由众说纷纭，但依我之见，宏观劳动力市场供应商的出现是最明显的触发因素，其中头部供应商包括：

- Burning Glass（成立于1999年）；
- Wanted Analytics（成立于1999年）；
- EMSI（成立于2000年）。

第二波弄潮的供应商包括：

- Jobs The Word/Horsefly Analytics（成立于2011年）；
- Talent Neuron（成立于2012年）；
- Humantelligence（成立于2013年）；
- Claro Analytics（成立于2014年）；
- Restless Bandit（成立于2014年）；
- Draup（成立于2017年）；
- Stratigens（成立于2018年）；
- LinkedIn Talent Insights（成立于2018年）；
- TalentUp.io（成立于2018年）。

这份清单并不详尽，还包括hireEZ、SeekOut、Eightfold AI、Entelo、HiringSolved和Fetcher等情报采购或人才管理平台。

2020年全球人才管理软件市场规模为64.5亿美元，预计将从2021年的70.2亿美元增长到2028年的132.1亿美元，预测期的复合年增长率为9.4%。与此同时，致力于为人力资源分析和人才管理搭桥牵线的人才情报平台的涌现也就不足为奇了。

这股热潮赋能人才情报从业者、人力资源部门、招聘专员、供应商、情报职能部门以及研究和咨询公司，以全新方式获得经过汇总和分析的数据，大大降低了从各种宏观数据机构（如美国劳工统计局和国际劳工组织）获得原始数据集的技术门槛，并能让其更广泛、更深入地持续采用此类数据。

有专家强调，在这个技术和平台快速发展的时期，求职领域中人才情报的需求正在快速增长。图 1.1 显示，随着更多平台的建立，“人才情报”一词出现的频率明显上升。但“人才情报”是被用作名词、动词，或是用于描述趋势或重塑传统招聘模式，还有待商榷（详见第 11 章）。这种上升趋势在 2017 年至 2019 年尤为明显，这与第二波进入市场的人才及劳动力市场情报产品有关。

但随后发生了意外事件——新冠疫情席卷全球。2020 年，全球劳动力市场的增长趋于平缓，大规模休假和裁员现象出现，仅有少数企业处于增长状态。这意味着，人才情报作为一种新的角色类型，或是角色需求，其增长率趋缓。2021 年，劳动力市场再现前所未有的增长，经济反弹力度超出预期。图 1.2 显示，人才情报出现在招聘广告中的频率暴增。仿佛一夜之间，全球企业都在急求人才情报类人才，期待借助劳动力市场的专业知识实现转型。

由此可见两大趋势：一是更传统的采购和招聘角色的需求数量急剧上升，此类需求在岗位职责中加入了情报元素；二是形成了全新的人才情报特定角色和职能。2021 年，在对 51 家企业进行研究后发布的《人才情报社区基准》（*Talent Intelligence Collective Benchmarking*）中，超过 50% 的受访者表示，他们的人才情报团队是在近两年内创建的，还有 8%

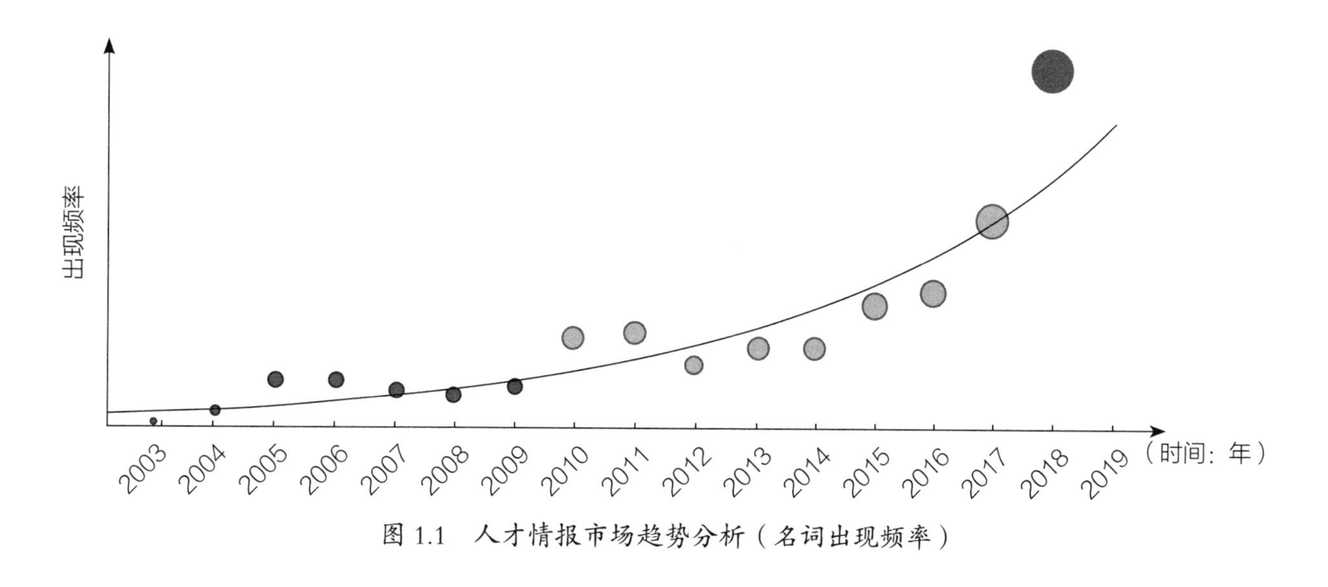


图 1.1 人才情报市场趋势分析（名词出现频率）

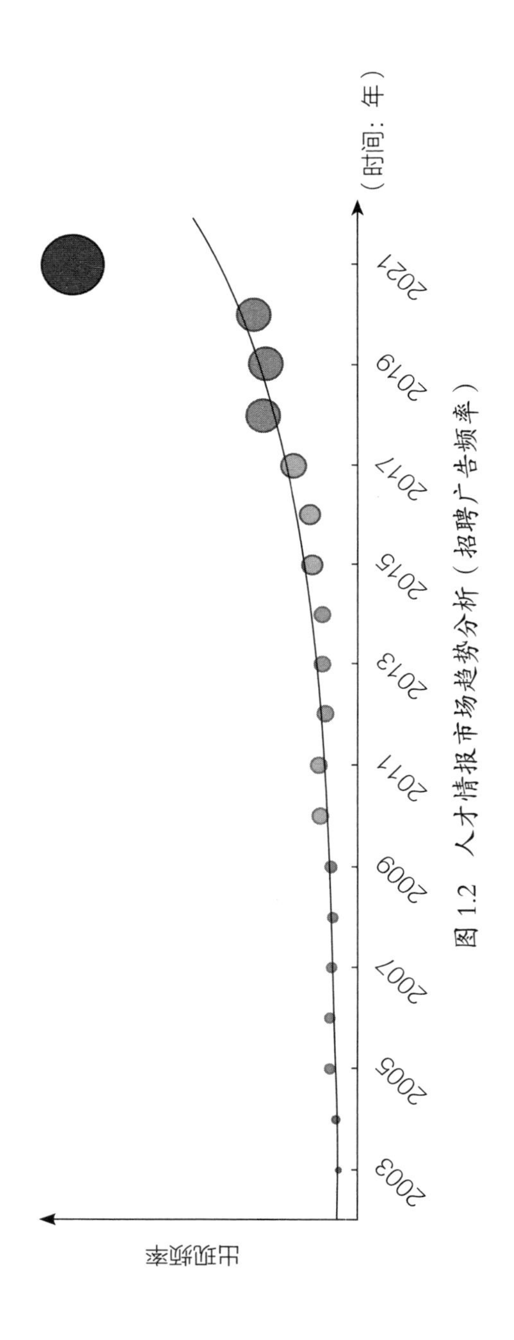


图 1.2　人才情报市场趋势分析（招聘广告频率）

的受访者表示，他们正在筹划创建人才情报团队。

## 小结

人才情报是指通过应用与人员、技能、工作、职能、竞争对手和地域有关的技术、科学、洞察力和情报，提升内部与外部人员数据的价值，以推动商业决策。劳动力市场数据的可见性、质量和聚合度的提高，使人才情报能力得以实现，进而显著提升了供应商的技术水平。在劳动力市场竞争与波动加剧的当下，新技术引发了人们对劳动力市场情报前所未有的需求。当前仍是人才情报发展的早期阶段，其功能和职能仍将继续发展，详见本书后面章节的讨论。

**作者寄语**

- 人才情报是一个新的、尚未被定义的领域，我们有能力塑造它。
- 在劳动力市场中，当前是有史以来最适宜启动人才情报能力的时刻。
- 对人才情报从业者的需求正在急剧增长。我们将在第 17 章讨论：创建面向未来的人才情报能力和人才管道将是增长的关键。

# 第2章 情报类型

第 1 章定义了人才情报，介绍了人才情报简史及现状。本章将继续探索人才情报的精彩世界。首先澄清一点，你可获得的数据量将远远超过你拥有的处理能力，所以要懂得取舍。据估计，全球每天至少有 2 500 000 000 000 000 000 字节的数据产生。据 Statista 预测，2021 年全球共产生了 74 000 000 000 000 000 000 000 字节（74ZB）的数据。而在 2018 年，全球创造、捕获、复制和消费的数据总量为 33 000 000 000 000 000 000 000 字节（33ZB）。在三年的时间里，数据量增加了一倍多。

为了更直观地理解这些数字，梅尔文·沃普森（Melvin Vopson）打了一个比方：你可以将 1 比特比作一枚约 3 毫米厚的 1 英镑[①]硬币，由 1 英镑硬币堆叠成的 1ZB 等于 2550 光年的距离，相当于从地球前往半人马座 α 星（Alpha Centauri）600 次。

按上述计算方法，由 1 英镑硬币堆叠成的 74ZB 等于 188 700 光年[②]，几乎是银河系直径（105 700 光年）的两倍，相当于从地球前往武仙座球状星团（距地球 25 000 光年）7.5 次。

---

① 1 英镑≈ 8.9923 元人民币（按本书编辑时的 2024 年 7 月汇率）。——编者注

② 1 光年≈ $9146 \times 10^{12}$ 千米，长度单位。

我们之所以强调数据处理的选择性，是因为获取数据从未如此简单。正如我们将在第 9 章中详细讨论的那样，你将拥有或产出更多关于劳动力市场、专业人才或企业内部员工的数据，但有些数据是你永远不需要的。所以，请区分哪些数据有用、哪些数据合适，以及如何处理、存储和使用这些数据。

为了真正了解如何为人才情报捕获这些数据，你应掌握情报领域的大背景。这也是我们将在本章中探讨的内容。

## 情报类型有哪些？

我们有范围广泛的情报收集学科，许多被应用于军队、警察部门、安全部门、安全威胁情报部门等，其中有些学科与我们在人才情报领域的工作密切相关。本节将探讨所有核心情报学科，但并非所有学科的知识和方法都能立即转化到人才情报领域。

### 信号情报

信号情报是从外国目标所用的电子信号和系统（如通信系统、雷达和武器系统）中截获的情报。信号情报提供了一个了解外国对手能力、行动和意图的重要窗口。在所有情报学科中，鉴于数据收集技术和数据输出的性质，信号情报与人才情报产品直接相关的可能性最低。但正如我们将在第 5 章中探讨的那样，远程威胁探测的原则与人才情报存在一个值得研究的重叠领域。

## 图像情报

图像情报包括以电子或光学方式在胶片、电子显示设备或其他媒体上再现的物体形象。图像情报可以来自视觉摄影、雷达传感器、红外传感器、激光和电子光学设备。

## 地理空间情报

地理空间情报是关于人类在地球上活动的情报，来自对图像和地理空间信息的利用与分析。它能够描述、评估和直观地显示地球上的物理特征和地理活动。地理空间情报包括测量和信号情报，以及地理信息系统等。

虽然地理空间情报无法直接被转化到人才情报领域，但二者之间存在一些值得研究的相似之处。例如，当研究目标位置情报、采购活动、竞争对手的场地扩张，以及竞争对手的设施优点时，我们可从地理信息系统在线图像中获取相关信息。

## 网络情报 / 数字情报

网络情报 / 数字情报是从互联网上的可有资源中获得的情报。网络情报通常被认为是开源情报的一个子集。

## 人工情报

人工情报是通过人与人接触的方式收集的情报。从本质上讲，它是一类以人为来源收集和提供的情报。这一特征将其与技术性更强的其他情报收集学科区分开来。

开展人工情报活动的情报官员尤以其在招募秘密人工情报来源方面的角色而为人所知。换言之，公众更多的是知道他们是招募间谍和外国告密者的线人。此外，他们也经常从友军、平民、难民和当地居民那里收集和上报信息。

在一项关于警察部队人工情报的研究中，24 名受访的警察情报官基本同意，建立亲和感的能力在某种程度上是可以被训练的。这种能力并不完全被视为是一种自然技能。然而，人工情报参与者普遍认为某些自然属性有助于建立亲和感，人们可以通过培训和实践来提升这一能力。

这些要素对人才情报而言很有意义，并与人才情报工作有直接的相似之处。让我们更详细地探讨一下。

建立亲和感所需的核心技能包括：寻找共同点；创造共同经历；通过提问并倾听回答，以保持对目标的关注；富有同情心、同理心；举止和言语适当。这些核心技能同样也是有效的人才招募的基石，我们可以将其运用于人才情报领域。

每一次面试、每一次与候选人的互动，都是企业获取数据的方式。没有其他哪个职能部门能有机会与来自竞争对手的如此之多的员工交谈。没有其他哪个职能部门能有机会就竞争对手的工作内容、企业结构、未来设计、业内影响提出具有探索性和挑战性的问题。正如约翰·沙利文（John Sullivan）博士在其 2019 年发表的文章《招聘工作中被遗漏的战略机遇——竞争情报的收集》中所言：

在面试竞争对手的员工时，如果候选人提到他们正在研发一个全新的产品，那么面试官会将这一信息报告至产品经理吗？不幸的是，很可能不会。尽管在日常招聘中，面试官经常发现关于竞争对手的高价值商业信息，但很少有人才招募部门制定正式程序向经理报告这些信息供经理直接使用。对于招募部门而言，如果未制定竞争对手情报收集流程，就将错失增加招聘工作战略贡献及直接商业影响力的机会。

在人才招募和高级人才寻访中，建立这种竞争对手情报体系有两条途径：一是外科手术式方法；二是宏观尺度方法。建立一个系统、规模化的竞争对手情报体系来涵盖所有人才招募场景是很困难的。无论是依靠面试，还是借助简历筛查，确保捕获的数据准确有效、合法合规、安全，以及被有效地提取、处理和分析，都是一个巨大的挑战。有鉴于此，我们可以通过在面试过程中关注特定竞争对手的特定人员，并在面试过程中提出预先准备好的问题，来寻求一种更有针对性的外科手术式情报收集方法。在企业面试的许多职能领域中这一方法非常重要，比如：

- 在技术领域，了解竞争对手的研发情况；
- 在销售或营销领域，更好地了解对手进入市场的战略或产品发布计划；
- 在信息技术领域，了解对手的基础设施和未来可能的企业支点；
- 在人才招募领域，了解对手对未来增长或重组的早期预测。

利用竞争对手领导力透明化的时机，可深入了解：

- 竞争对手的领导风格；
- 竞争对手的未来战略；
- 竞争对手的员工流失率或其面临的人才挑战；
- 竞争对手的投资或增长计划；
- 竞争对手的薪酬策略或其销售报酬计划及效力；
- 竞争对手正在投资的技术；
- 竞争对手的转型策略。

以上都是高级人才寻访过程中经常讨论和探究的内容。在整个过程中应牢记，遵守职业道德非常重要。

## 开源情报

美国中央情报局局长和美国国防部将开源情报定义为“从公开可用的信息中收集、利用并及时传播给适当的受众，以处理特定情报”。开源情报在人才招募领域（即采购、研究和人才情报领域）天然地占有一席之地。其核心是从在线资源中寻找信息，并将其提炼成清晰的数据点。开源情报可以是个人的在线联系信息，可以是博客、简历、社交资料，可以是职位描述、公司报告或公司董事会页面。开源情报的潜在来源是无限的，如何将其应用于人才情报，只受限于我们的想象力。

## 开源情报工作实例

你被要求深入调查一家竞争对手公司，将其作为潜在的收购目标或商业基准。此项调查涉及范围广泛，将包括：了解竞争对手员工队伍、领导团队、招聘惯例、投资方向、组织功能设计及组织多样性。起初，这会让人不知所措、无从下手。但其实有很多开源信息可以引导你展开深入研究。

- 你可以从竞争对手公司网站上查找：

执行委员会/董事会领导；

管理团队；

组织结构；

新产品发布。

- 你可以从与竞争对手相关的新闻中了解：

产品发布、规模缩减；

投资；

高管变动。

- 你可以从竞争对手的招聘广告和职位描述中了解：

雇佣机制的变化；

企业支点；

进入新市场；

角色和职责。

- 你可以从领英（LinkedIn）等网站上查找：

组织结构；

角色和职责；

公司规模和领导层级。

在第 5 章中，我们将通过一个实例更深入地探索和研究这一主题。

## 数据政策 / 通用数据保护条例

我们可以借助开源情报获取大量个人身份信息。在这个过程中，我们应注意遵守通用数据保护条例（GDPR）。

关于通用数据保护条例，开源情报研究人员需要考虑以下方面：

- 负责任；
- 有依据（确保拥有处理个人数据的法律依据）；
- 守原则（在处理个人数据时遵守适用的关键原则）；
- 了解、预见、尊重数据主体的权利；
- 明确自己是数据控制者还是数据处理者。

## 数据道德

数据道德是指与数据（尤其是个人数据）处理原则相关

的制度体系、保护措施和最佳实践等概念。正如哈佛大学教授达斯廷·廷利（Dustin Tingley）所言:“数据道德提出的问题是,‘这样做对吗？’，以及‘我们能做得更好吗？’”

高德纳咨询公司（Gartner）进一步提出了“人力资源数据道德的七项指导原则”，旨在“树立数据道德基准，增加员工对公司有道德地使用数据的信任”。我们可以将该原则作为一个起点，推广运用到更广泛的外部劳动力市场数据以及内部员工数据之上。下文我们将从人才情报的角度探究“人力资源数据道德的七项指导原则”。

（1）了解公司的数据道德舒适区。通过全球劳动力市场调查（2019 年第一季度），高德纳公司发现只有 4% 的员工不愿意分享任何类别的数据，具体到每一类数据，员工的分享意愿也有很大不同，员工对分享益处的了解会对其分享意愿产生影响。该调查结果可引发人们在处理外部劳动力市场数据时的思考：你的目标劳动力市场愿意分享什么数据？他们认为分享什么数据是合适的？他们是否了解分享这些数据的益处？

（2）阐明以企业文化为基础的数据道德准则。公开该道德准则并说明其应如何与企业文化、价值观及宗旨保持一致。借此，你将为捕获、处理或使用数据设定明确的界限，同时能确保不会因过于谨慎而限制企业发展。

（3）发现关键合作伙伴并向其学习。这一点至关重要。人才分析及人才情报领导者无须成为所有领域的主题专家，而应积极与企业中的法律、数据隐私、信息技术、竞争对手情报、市场情报、合规性等领域的同事合作，共享经验教训、最佳做法、风险缓解方法以及企业数据道德规范。

（4）对于任何使用员工数据的项目，必须明确其目的和意图；对于所有的数据使用行为，应清楚数据收集方向，并将数据收集范围限制在最低限度。

（5）向员工传达“做什么”和“为什么”。处理数据时，透明度是关键。尽早将这种透明度纳入所有工作模式，这有助于与利益相关者建立信任。

（6）让员工对其数据有更多的控制权。对于内部员工而言，允许其访问和控制个人数据是关键，即允许他们根据需要选择加入或退出数据收集计划。这种共享所有权和共享控制权，也将提高人力资源系统内的数据质量，让员工成为个人数据的主人。然而，这确实给外部数据带来了更多挑战，尤其是在遵守通用数据保护条例和维护个人数据合法利益的背景之下。

（7）征求员工的反馈意见，并不断审视数据政策。创建一个安全的机制和反馈回路，是企业建立信任、透明度和共同所有权的关键。这一机制是不断提高数据集质量、准确性和稳健性的关键。

## 核心原则

从以上原则中我们可以了解到人力资源数据道德框架中与人才情报相关的内容，但由于我们需要在更广泛的人才和劳动力市场情报中收集数据，因此也有必要了解更广泛的背景框架。哈佛大学提出了以下五个更广泛的数据道德核心原则：

- 所有权和同意；
- 透明度；
- 隐私；
- 意图；
- 结果。

让我们依次了解一下。

1. 所有权和同意

“所有权和同意”被广泛认为是数据道德的首要原则，即数据主体应对其信息拥有完全的所有权，并对信息的收集、存储和处理方式给予同意。在未经同意的情况下，收集个人数据是非法和不道德的。具体而言，在通用数据保护条例框架内，除非法律明确允许，或者数据主体已经同意，否则禁止处理个人数据。“同意”必须是自由给予的、具体的、知情的和明确的。自由给予的同意，必须以自愿为基础。

一般认为，永远不要假设数据主体同意收集其数据；永远要征求同意，以避免陷入道德和法律上的困境。在处理高级人才寻访等与人才地图绘制相关的数据时，我们可能会遇到一些困难。即使是领英等社交平台上的数据、根据用户和社交网络之间的用户协议和隐私政策发布的数据，或是更广泛的开源数据，在对它们进行存储和处理之前，我们仍需要证明处理的合法性，并获得相关个人的同意。

2. 透明度

为了获得知情且具体的“同意”，数据主体至少应被告知数据控制者的身份、何种数据将被处理、数据使用的方法，以及防止“功能潜变”的数据处理方法。用户有权获得这些信息，以便决定是否接受数据处理并给予“同意”。透明度的重要性不可低估，隐瞒数据处理方法或意图是欺骗行为，既不合法也是对数据主体的不公。

3. 隐私

即使客户同意收集、存储和分析其个人身份信息（PII），也不意味着他们希望这些信息被公开，即你在处理数据时仍有道德上的责任，要确保数据主体的隐私。

无论采取何种安全预防措施，经常处理和分析敏感数据的专业人员仍可能犯错。减轻这种风险的一个方法是对数据集进行去标识化。当所有的个人身份信息被移除，只留下匿名数据时，一个数据集就被取消了身份识别特征。这使分析人员能够找到目标变量之间的关系，同时也无须将具体的数据点附加到个人身份之上。

4. 意图

我们应清楚地认识到，意图很重要。在收集数据之前，我们应明确收集意图，以及在数据分析之后将带来什么改变。如果无法给出满意的答案，那么你就应质疑数据收集的必要性及其是否符合数据道德。如果你的意图是伤害他人，从数据主体的弱点中牟利或有其他恶意目标，那么这种行为就属于不道德的数据收集行为。

即使你的意图是好的，例如，收集数据以减少年龄歧视 / 通过创建一个聚合工具来提高企业的多样性，你仍然应该评估收集的每一个数据背后的意图，以及出错的可能性。

不是所有数据点都是必需的。你应努力收集最小的可行数据量，以便从研究对象那里获得尽可能少的数据，同时又能有所作为。

5. 结果

即使意图是好的，你也需要非常注意潜在的差异性影响。差异性影响通常被称为“非故意歧视”，而差异性处理则属“故意歧视”。数据分析的结果可能对个人或群体造成无意的伤害。但是，在进行分析和产出结果之前，你可能很难知道潜在的差异性影响，但事先尽可能多地考虑这一点是很重要的。不要只考虑最好的情况，你还应考虑当工具或分析使用不当时会发生什么，并寻找降低这种风险的方法。

## 小结

在人才情报领域，情报的概念是全新的。你要有开放的心态，在工作流程和环境中寻找收集数据的机会。你应以慎重和符合道德的方式行事。你能获得的数据比你想象的要多，也比需要的要多。你应抵制捕获所有数据的诱惑，了解拥有更成熟的情报产品的其他领域，了解类似数据或间接数据的其他来源，确保有理有据地以道德和法律的方式处理所有数据。我强烈建议你在任何数据收集过程的早期，与内部法律团队合作，以确保始终保持数据收集与处理的合规性。

**作者寄语**

- 如今，关于劳动力市场的数据比以往任何时候都要多，但其在很大程度上仍然是高度非结构化的和混乱的。
- 已有广泛的初级和二级情报收集学科致力于收集此类数据。
- “你可以”并不意味着“你应该”。要非常清楚在人才情报服务中应遵守哪些道德标准。

# 第3章 大讨论

我常被问道：人才情报和人力资源分析之间有何区别？人才情报和采购情报或高级人才寻访之间有何区别？简短的回答是：在我看来，其间并无一个清晰的界限。在企业中，所有领域和能力都是相互影响和重叠的，但可以在某一职能中调高或调低某些要素的比例。

本章中，我们将探讨人力资源分析、人才招募分析、劳动力分析、人才情报、采购情报和高级人才寻访的各种角色和职权范围，并了解它们的相似性、交叉性和接触空间。

首先，让我们了解一些基础知识。

## 人力资源分析

人力资源分析，通常也被称为“人力资本分析”，被广泛认为是对人力资源及人才相关数据的整理、分析和应用，旨在寻求衡量、改善和预测与人才相关的重要组织成果。人力资源分析的领导者希望在整个职能部门，特别是在整个人力资源领导层，推动一种数据驱动型人力资源文化，利用数据为人才决策提供信息支持，优化劳动力规划、人才管理和战略劳动力规划流程，并促进积极的员工体验。值得注意的是，他们并未声明此类人才数据来自内部或是外部，仅明确这些数据将用于改善关键的人才与商业成果。

人力资源分析经常捕捉和衡量人力资源团队本身的运作状态，是一种以内部为重点的健康机制，能够分析员工流失率、保留率、员工满意度、多样性等关键绩效指标（KPI）。

“人力资本分析”作为一个术语经常与“人力资源分析”交替使用。关于二者的含义，目前仍有一些争论。笔者认为，人力资本分析涵盖人力资源、劳动力数据和客户洞察力，以更广泛的视角观察整体的人才及人力相关数据，同时关联核心客户数据（特别是在 B2C 环境下）。我们可以确信，人力资本分析横跨人才情报和人才招募分析两个世界。

## 人才招募分析

在更广泛的人力资源分析景观中，有一个要素经常被忽略，那就是人才招募分析（TAA）。人才招募分析是系统地捕捉、报告、分析和发现洞察力，以支持与招聘入职的流程、活动和结果相关的决策。三个主要的度量类别（效率、效力、影响）通常在四种类型（描述性、相对性、分析性和预测性）的分析中使用，以衡量整个市场不同程度的成功和成熟度。其中有许多潜在的子集，比如：

- 整体人才招募组织及能力规划；
- 招聘效率（雇用时间、单位聘用成本等）；
- 招聘营销和活动分析；
- 采购漏斗和渠道效力分析；

- 候选人经验情报。

## 劳动力分析

“劳动力分析”是一个相对较新的术语，通常用于反映衡量劳动力的生产效率、敬业度和协作精神。值得注意的是，它涵盖了整个劳动力群体（而非仅仅是全职员工），并允许未来纳入人工智能和机器人，以取代企业内的招聘岗位。因此，在制定整体劳动力战略时，劳动力分析更具有描述性。传统上，劳动力分析远比人力资源分析更注重商业焦点，无论是直接向领导汇报还是间接通过人才管理团队执行。如前所述，劳动力分析关注劳动力生产效率、敬业度和协作精神，并希望在此方面推动最大的投资回报。这就导致了灰色地带的产生，因为劳动力分析经常会调查与人力资源分析工作流程直接相关的员工健康指标，比如：

- 留任率；
- 雇员离职风险；
- 绩效管理衡量标准；
- 确定培训及技能差距；
- 提高招聘效率的需求规划；
- 通过招聘漏斗和晋升流程减少偏见。

## 人才情报

形成人才情报能力，旨在与客户合作（包括内部客户和外部客户）以使企业能以敏捷的方式拓展和响应，同时以劳动力市场的视角降低风险并评估可行性。“客户”的定义很广泛，并且可以扩展（详见第5章）。一般而言，内部人才情报团队最初会将人才招募、高级人才寻访或人才管理团队视为其客户群和市场路径。而在人才情报供应商的环境中，所谓客户，通常只是目标客户组织中的一个决策机构。这更符合其职能方向，而非基于实际定义的客户群。人才情报助力企业做出明智的人才决策、进行前瞻性思考、评估最佳实践、解释劳动力市场数据、巩固和明确人才战略。其核心在于，利用劳动力市场数据降低决策与战略流程风险。典型的人才情报问题包括：我们在何处设立新的研发中心？我们计划与这家目标公司合并，将其在此地的业务扩大是否可行？我们在此地的人才吸引力如何？竞争对手的员工价值主张是什么？我们如何与之竞争？

## 采购情报

采购情报支持将人才情报应用于采购及招聘团队，为采购及招聘团队的领导者提供洞察力。借助内部及外部候选人数据、雇主及行业数据，客户可以获得战术性和战略性人才解决方案。采购情报可以回答的问题包括：该地区有哪些人才？有何策略可以降低风险？如何增加人才管道的多样性？

如何利用历史候选人数据为企业提供战略信息？企业如何招聘？招聘如何影响企业战略？

## 高级人才寻访研究

高级人才寻访研究是高级人才寻访的基石。高级人才寻访研究利用对客户、角色类型、市场和行业的先验知识来制定有效的高级人才寻访策略。根据公司的设置和组织架构，一些高级人才寻访研究功能将被严格置于后台，成为招聘专员面对候选人、客户和利益相关者的引擎。在其他组织中，高级人才寻访研究功能将更加引人注目——制定和引领寻访战略、接触潜在候选人，并与寻访伙伴一起向客户提交候选人名单。采购情报和高级人才寻访研究经常使用类似技能和数据集，但通常采购情报也会考虑角色长期管道的可行性，而高级人才寻访研究则侧重寻找小众应聘群体、特定技能及背景。通过这一寻访流程，研究人员可真正了解竞争对手、市场、行业和商业环境。因此，你会经常看到团队将这种研究成果和专业知识回收到商务沟通中心或知识中心，以分享其对高级人才和竞争者趋势的广泛知识。这往往是企业进入人才情报世界的第一步。

## 职能和能力总结

当前，整个劳动力情报领域设有许多专业，存在大量职能交叉与混淆，然而更常见的是以下情况：

● 人力资源分析着眼于人力资源健康度以及支持该健康度的关键绩效指标和衡量标准。

● 人力资本分析的范围更广，着眼于所有“人”，包括客户群。目前大多数人力资本分析职能主要着眼于组织内部，停留在了解其员工健康度和企业健康度的阶段。

● 劳动力分析用于描述劳动力整体，既关注雇员、临时工、自由职业者、顾问等，也展望未来劳动力和劳动力市场的前景。

● 人才情报主要是指宏观的外部人才及劳动力市场视角，通过应用与人员、技能、工作、职能、竞争对手和地域有关的技术、科学、洞察力和情报，提升内部与外部人员数据的价值，以推动商业决策。

● 采购情报是微观的外部人才及劳动力市场视角，从人才情报的直升机视角拉近至更实际、更实时的内部视角。

● 利用高级人才寻访研究可提高特定、小众的高级人才寻访所要求的效率和效力，实现对高级人才及竞争对手趋势更广泛的知识管理和沟通。

传统上，人力资源分析、人力资本分析、劳动力分析与采购情报、人才情报、高级人才寻访之间存在一条界线，显示出双方的关键区别在于对外部和内部数据的使用。前者专注于组织内的现有员工，往往是内向型的，使用的是内部工具和系统；后者则更关注外部市场，使用的是外部数据、工具和来源。如前所述，人才招募分析则是轻松沟通内部与外部世界的桥梁。尽管所有职能部门的工作方法各不相同，但彼此需要合作才能看到更大的图景。

## 企业视角

这些不同职能群体之间的界线模糊，所需技能组合和目标数据集的性质相似，因此往往可能会融合在一起。许多企业未设置上述某个或多个职能，但可将相关职能活动纳入其他职能群体，也可将上述多种职能合并成一项职能。对于分析和情报的所有领域而言，当前正值一个转型期，劳动力、人力资源和人才领域，正在以惊人的速度转型。关注内部的团队需要从外部了解竞争对手的情况或劳动力市场；关注外部的团队需要从内部了解企业产生痛点的原因、瓶颈所在、待解决的问题等。

### 小结

由上可见，无论是传统上关注外部的人才情报、采购情报或高级人才寻访研究，还是传统上关注内部的人力资源分析、劳动力分析，抑或是横跨两个领域的人才招募分析，均有了一定的发展和进步。各方都在扩大其范围和职权，在这些职能结合成一个更具结构性的人力资源学科型职能之前，它们将持续地发展和演变。接下来，让我们更深入地探讨如何建立人才情报能力或人才情报职能的商业案例吧。

**作者寄语**

- 有许多职能部门和团队从多个角度来研究人力资本情报。
- 不同团队的职权范围之间存在大量的重叠。
- 通常，关注内部数据的团队拥有更强的数据分析技能和强大的自助服务文化，可同步开发咨询技能，而关注外部数据的团队则恰恰相反，其更擅长咨询和商业合作及持续开发数据分析能力（详见第 11 章）。
- 调整发展方向的机会很多，但要注意团队和职能之间的差异。

# 第4章

# 构建人才情报案例

本章由人才情报社区的优秀成员以众包的形式合力撰写。衷心感谢所有参与者，尤其是雅各布・马德森（Jacob Madsen）、林登・拉尼斯（Lyndon Llanes）和詹姆斯・布朗（James Brown）。为了便于阅读和保持叙述的一致性，我将在本章使用第一人称“我”，但非常感谢大家共同的声音、经验和付出。

本章将探讨企业中的初始警告信号，它们将触发对人才情报支持的需求，还将探讨在构建人才情报案例之前，如何定义客户群、愿景、使命和原则，以及如何在企业中为人才情报职能建立信任。

## 人才情报能力或人才情报职能？

你要明确想要达到的目标。你是想将人才情报作为现有团队中的一项能力、多线程团队的旁支（即将人才情报作为一项活动），还是想建立独立的人才情报职能？目标不同，发展方向亦不相同。你若想在一个多线程团队中创造一种情报文化，自然会以更全面的方式看待问题，这是非常积极的。同样，你若想建立独立的人才情报职能，则将更注重能力范围内的发展和专业化。

这并非互斥选项。许多企业引入人才情报之初，经常会从招聘营销、采购或招聘等项目开始，有时也可能从人力资源分析、商业分析、市场情报或战略劳动力规划等职能着手——这些职能视人的因素为其最大资产，同时也意识到，如不加考虑，人的因素也将成为其成功的障碍。在这一初始阶段，你可能会有些挫败感，始终觉得还有潜力未完全释放。如果要实现人才情报从旁支活动到专门职能的转变，那么你就需要明确的态度、果断的决策，以及对企业进行“硬重置”。但这并不意味着一切会归零，它更像是整装前行。在新的旅程中，你要有明确的愿景，要充分了解客户群（而非仅仅继承之前的客户群），要清楚需要哪些资源来完成这一旅程。让我们进一步探讨这一主题。

## 客户是谁、原因为何以及方法路径

无论何时，建立人才情报能力或人才情报职能之前，你首先应设立一个明确的目标。你要清楚你的愿景、你的使命、你的职权范围是什么，最重要的是，要明确你的客户是谁；同时，要反思和界定职权范围。

## 客户是谁?

这是我们建立人才情报能力时面临的首个重要问题。乍看之下，这似乎非常容易回答，但其往往涉及更具体的方面，难下定论。当不确定某人是客户还是利益相关者时，情况更是如此。记住一条原则：任何利益相关者都是客户。此外，客户是那些你通过建立人才情报能力满足其需求的人。

确定客户的最好方法，是思考你想实现什么、你想利用某一职能产生什么影响。为什么你认为企业需要这种能力？哪里需要？其中一些需求可能会来自警告信号和痛点。你要明确想通过构建这一能力达到什么目的，不要独自进行这个过程，应积极与利益相关者探讨。在此阶段，你可能很难量化谁是或不是利益相关者，但这也意味着大家几乎不存在沟通障碍。你可以主动与人才招募领导、营销领导、销售领导、市场领导探讨，试着了解：他们的痛点是什么？他们面对的挑战是什么？他们的目标是什么？他们遇到了什么阻碍？

更多时候，人才问题或缺乏人才的问题，是当前及未来发展的主要风险因素。这是一个明显的“买入”信号，预示着客户正在关注你的人才情报产品，可能会成为潜在的核心客户。因此，人才招募部门往往被视为人才情报团队或个体的主要客户。随后，人才情报团队或个体将被纳入组织架构，并创建职能。人才招募部门是潜在的主要客户，但我认为其主要需求是采购情报；此外，人才招募部门还是开发人才情报客户的媒介。

让我们重温一下本书对人才情报的定义：

“人才情报”通过应用与人员、技能、工作、职能、竞争对手和地域有关的技术、科学、洞察力和情报，提升内部与外部人员数据的价值，以推动商业决策。

该定义中的关键短语是“推动商业决策”。所以，你要确定你的客户是否是商业决策者，或其仅为商业决策者提供信息。若是后者，我认为你选错了客户群，应重新寻找最终客户。

## 市场路径真的很重要吗？

毕竟，只要情报送达正确的人手中，还有必要在意市场路径吗？我认为很有必要，原因在于关键绩效指标。关键绩效指标是一个可衡量数值，可以体现个体、团队、组织、企业实现关键目标的效率如何。任何个体层面的目标、关键绩效指标，都应该有一条清晰的视线，贯穿团队目标关键绩效指标、职能目标关键绩效指标和商业目标关键绩效指标。众所周知，关键绩效指标可驱动行为。如果你所在的职能部门的关键绩效指标和目标与创建最终客户所需的人才情报交付类型冲突，你就几乎不可能建立一个高效稳定的人才情报组织。

假设你是一名负责人才招募的人才情报分析师兼某地的招聘专员。通常，你的内部客户问题陈述可能如下所示：

我们希望在未来 12 个月内，在此地拓展软件职能部门，增加数名职员。目前，我们正致力于高效筹集资源。

我们需要审查潜在市场，审查竞争对手、产品及薪酬。我们期望的成功是，在无须外部机构支持的情况下在预算内按时实现本年度招聘目标。衡量成功的标准是：受人才情报研究影响的安置人数，以及实现雇用所需时间的缩短天数。

客户可能会与你一起制定工资基准、分析竞争对手、设计组织基准、观察潜在市场等。这些都是有价值、有意义的工作，旨在影响客户团队设计，并提高快速和有效安置的可能性（其关键绩效指标很可能与实现雇用时间、雇用成本等相关）。尽管可能难以跟踪或衡量（这一点我们将在后面探讨），但经初步判断，这将是一个成功的项目，与该团队的关键绩效指标完全一致。

如果我们采取最终决策者的视角，其关键绩效指标是围绕整体商业健康及客户承诺建立的，同一问题可陈述如下：

我们希望在未来 12 个月内，在此地拓展软件职能部门，增加数名职员。目前，我们正致力于高效筹集资源。我们需要评估此地的风险缓解策略，同时审查此地未来发展的可行性，以及在此区域内还有哪些可选地点或可行的远程工作方案，从而确保我们将适当的职员配置在适当的位置，以保证相关职能的稳定性和可持续性。衡量目标的标准是：制订一个成功的五年发展计划，该计划要展现面临的困难、预期的挑战、劳动力市场的转变，提出应对这些挑战的解决方案和战略，满足对所有客户时限的承诺。

虽然从表面上看，两个问题陈述很相似，但在总体需求和关键绩效指标的驱动下，工作水平、数据类型和战略思维等方面的成果大不相同。

这种从业务层次到战略层次的思维转变是至关重要的。因此，你应在企业、业务部门、市场层面明确客户是谁，从而确保能与最终决策者接触。这不仅有利于为企业设计和建立一个更相称的人才情报职能，还能减少资源浪费。

你可以将客户和人才情报工作流程想象成石油生产，有上下游之分：上游负责决策，下游负责落实。通常，如果情报研究位于决策的下游终点，那么其不会影响任何结果。你最终花费的大量时间、精力和资源，仅仅是减轻了上游决策的影响。因此，你应尽可能在决策过程的上游展开情报研究，以影响决策，而非在日后处理不良决策在下游导致的后果。

## 愿景、使命和原则

1. 为何要朝愿景方向努力？

当考虑愿景和使命时，你要大胆思考，在愿景声明中你要展现你的战略观。愿景是职能和产出的总体目的，提醒你职能存在的意义。

你可以将愿景表述如下：

全球人才情报团队将使我们的领导层在正确的时间获得正确的市场数据、分析结果和情报信息，以推动他们制定有影响力的战略决策。

我强烈建议不要孤立地创建一个团队愿景。你可以根据团队大小，利用研讨会或会议的时机将团队成员或更广泛的利益相关者召集在一起，举办一个公开论坛；可以从一个指导性的声明或愿景开始，逐渐在团队中达成广泛认同。愿景应是雄心勃勃而又现实的；应与公司的目标相一致，并且对团队或职能部门而言，是可实现的。你要鼓励所有人参与会议讨论，让他们提出想法、概念和机制，以确保你设定的愿景与他们的目标相一致，同时也让他们参与到你的人才情报职能愿景及成功标准的制定中。

最重要的是，一旦达成一致并确定愿景，请不要将愿景遗忘在抽屉中。你要使用愿景，要让它显而易见，要将它置于工作的中心。愿景是你要努力实现的目标，指引着你前进的方向。

2. 如何奔赴你的使命？

使命围绕着现有的运行机制，助你实现目标。愿景和使命都是至关重要的，也是你设定目标和实现目标的核心。

你可以将使命表述如下：

人才情报工作以最终客户和决策者为服务对象。我们将与伙伴团队合作，利用与企业的关系，将人才情报注入相关的流程机制，以确保适当的信息访问和成果交付。

3. 你支持的原则是什么？

我还建议你设立一些核心原则。你经常会听到人们谈论核心原则或信条，其对于指导团队的日常决策和发展方向是至关重要的，将为工作理念和团队文化奠定基调。

例如，以下潜在的人才情报原则：

● 我们在情报研究的基础上提出建议，并提倡数据驱动下的决策。

● 我们致力于发现问题根源并解决问题，而非仅关注问题表象。

● 我们优先完成可以为客户带来显著影响的工作。

● 我们为全球客户提供自助服务和定制的人才情报解决方案。

## 痛点、警告信号和异常

传统上，创建人才情报能力的第一步，是寻找痛点以及企业内的警告信号，或着眼于战略和发展计划及制约因素。通常，人才情报团队被创建于人才招募或高级人才寻访职能之中。因此，你应首先在这两项职能中寻找可能存在的痛点、警告信号和异常。

在许多情况下，你可以通过分析数据发现初始警告信号，无论是人力资源分析还是人才招募分析。你也可以通过与客户或利益相关者群体讨论来了解相关情况。那么，痛点是什么呢？

初始痛点、警告信号和异常可能包括：

- 某地雇用时间过长；
- 某地流失率较高；
- 与其他地区的类似角色相比，某地角色的代理成本较高；
- 团队的流失率高于平均水平；
- 角色的雇用时间高于平均水平；
- 为角色分配的工资预算与外部市场实际不符；
- 竞争对手正在加紧招聘的角色；
- 经商业预测，需求量异常大的角色。

当然，并非一切都以警告信号的形式出现，有一些安全信号也可能因执行不利，变成提醒信号或警告信号。

- “雇用时间”的数据可能看起来正常，处于安全区间，但可能会逐渐向提醒信号区移动。这就是一个潜在的提示，需要加以关注。你应仔细思考：什么发生了变化？外部背景如何？市场情况如何？
- “流失率”可能处于正常范围，但开始出现下滑迹象。这一信号提醒你注意：什么发生了变化？员工敬业度如何？

外部情绪分析提示了什么？竞争对手的人才流动情况如何？是否有“人才磁铁”领导离职？

● “录用”数据正在迅速下降，你必须在招聘渠道方面付出更多的努力来聘用相同数量的雇员。你应仔细思考：为何会出现这种情况？是你的候选人有多个意向，还是他们被竞争对手录用了？招聘专员需求量是否在同一水平？从薪酬的角度看，市场是否已经发生了变化？你是否还具有竞争力？

● “候选人申请率”在逐月下降，你的招聘计划面临风险。你应仔细思考：从外部情绪来看，候选人的观点是什么？你的招聘广告文案是否有变化？在你的市场或工作领域是否有新的竞争对手？市场上发生了什么与企业品牌相关的事件？

本质上，你是在寻找异常、变化（无论是当前的还是未来可能发生的）、不稳定因素、问题或潜在问题。不要只专注于正常的活动，你应专注于异常（正面或负面），并挖掘这些异常的潜在影响。这是一个主动出击的绝好机会，是为企业寻找转机的开始。

## 亏本销售项目

首次建立一个团队时，我建议创建亏本销售项目。“亏本销售”一词来自零售业，是一种定价策略，即产品或服务以低于其市场成本的价格销售，以刺激其他更有利可图的产品或服务的销售。虽然它不能直接被转化进入人才情报领域，但在我看来，这是实现目标的好方法。亏本销售项目中没有确定的客户或预定义的警告信号或痛点，但却是一个可以预见痛点即将来临的领域，便于你主动作为。在亏本销售项目中，你可能没有确定的投资回报，企业领导甚至可能对此毫无兴趣，但只要你足够坚定，并能预见重大的潜在影响，那么这就是你正确的方向。创建亏本销售项目有两重目的：

作为变革的催化剂，在内部引发关于该主题领域的对话。它虽然可能不会得到所有的解决方案，但会促进对话与沟通；

作为人才情报职能的营销工具，允许你在企业中展开工作，并获得超出传统工作的广度和深度。

那么，亏本销售项目具体是何面貌？这类项目通常属于领导层的话题。领导层不一定知道哪些是主题领域，但通常会选择关键业务主题，比如：

- 远程工作对企业的宏观影响；
- 人口趋势及其对企业的影响，如退休潮、候选人管道或婴儿潮一代退休后的知识转移问题；
- 特定地缘政治决策对企业人才管道的影响（如战争或签证制度的变化）；
- 未解决的行业管道问题（比如，2021、2022 年度卡车司机短缺事件——行业分析师 10 年前已准确预测，但鲜有企业实施应对）；
- 高管层级的多样性或宏观层面的流失率。

亏本销售项目还可以是以下更有针对性的项目：

- 人才竞争对手进入你的市场领域带来的影响；
- 对企业候选人情绪的宏观分析；

- 竞争对手推出新产品或调整产品线、引进新的领导团队、变革运营理念，并研究产生的影响。

就其性质而言，亏本销售项目不是为了寻求答案而创建（其实你也不一定有问题要问），但它们会引发讨论，会为你展示职能部门的能力提供舞台。

## 构建用例和提供产品

你确定了客户、愿景、使命和团队原则，召开了利益相关者会议，详列了一张痛点及潜在警告信号清单。接下来该做什么呢？

首先，退后一步，观全貌。

请记住，不要试图一下子解决所有问题。

如果你正在阅读这篇文章，很可能你有意将人才情报首次引入某个组织。这就意味着你需要做大量的教育工作，让利益相关者了解什么是人才情报、需要多久可以投入使用，以及对人才情报的期待。这种教育对于设定现实可靠的期望和为成功做好准备是至关重要的，尤其是在引入人才情报功能的早期。可以预见，你将发现问题，并尝试解决所有这些问题。你想通过提供服务与客户建立信任并赢得信誉；你想立即证明人才情报的价值。但此刻，请退后一步，观全貌。为所有项目打分，建立一个优先级列表（详见第 5 章），区分低产类和速赢类项目，筛选出能够让你与关键客户建立信任的项目。

补充一点，我经常会看到一个现象：希望建立战略人才情报职能的个体往往又回到人才招募和采购情报领域。这很正常，因为你对这些领域比较熟悉，更有把握。当建立新功能遇到信心危机时，人们很容易会滑回自己熟悉的领域。随着信心危机的出现，许多人会质疑人才情报是否有效、功能是否足够强大。这种质疑是健康和有益的。但请记住，即使没有人才情报的支持，企业也需要做出决定。因此，即使是一些仅提供方向性参考的情报，也是有益的。你只需清楚地列出查询到的事实即可。

你已经建立了初始项目清单，确定了项目优先次序，找准了行动目标。接下来，是时候考虑你能为早期出现的问题提供何种解决方案了。一年之内，你能取得什么成绩？你将为随后几年打下什么基础？为解决所有问题，你需要完成哪些事项？项目（比如，一次性通过的选址决定）与现行工作方案（比如年度 DEI[①] 可行性或目标设定）的区别是什么？你不必知晓所有答案，但需清楚你在短期、中期、长期内能实现什么，以及从投资角度来看，需要哪些资源来实现预期目标。

在这一初始阶段，我建议将项目作为试点，暂不提出对

① DEI，指多样性（Diversity）、Equity（平等）和Inclusion（包容性）三个词的首字母缩写。——编者注

未来工作的持续承诺，以获得对产品、客户和产出进行试验的机会，了解其适合性，以及项目和计划的可行性。这是一个调整的机会，你可以在全面启动之前，提出对额外资源的需求。接下来，让我们更深入地探讨资源方面的问题。

## 选择资源

在确定了痛点和警告信号以及构建用例之后，你将开始关注所需的专用资源。我建议从技能、产品输出和合作伙伴团队的角度考虑内部的可用资源。初期，这种考虑如同绘制一张草图，是概略性的。在这一阶段，你是一个多面手，不专不精，但常言道“多面手往往比专才更有全局视角”。你可能会经历初始混乱期，会感到捉襟见肘，但随着规模的增大和功能的成熟，逐渐会得心应手。

你要看清从资源角度观察到的可行性，明确能力的局限性，了解市场上存在巨大的需求，寻求能够与其结盟的合作伙伴团队。比如，在人力资源分析、市场情报或并购方面，是否有个体已经在关注人才情报的某些要素？如何与他们结盟？在人才招募部门是否有关注人才情报的个体或团队？他们是否可以提供项目支持，或以轮岗的形式给予协助？公司总部是否有实习生计划或毕业生计划？他们能否加入你的人才情报团队助力团队建设？平均而言，大多数研究人员一次可以同时进行 1.5 个项目，平均项目周期为 30~40 天。可见，一年的时间是非常有限的。你应向领导层阐明时间的紧迫性，并介绍人才情报的投资回报是什么（详见第 6 章，了解更多关于衡量成功标准的信息）。

你应开始从名额和结构的角度考虑团队组成。团队应设有分析师、项目经理、经济师、知识经理等角色（详见第 10 章），还应考虑取得成功所需的工具和供应商伙伴关系（详见第 9 章）。

# 建立信任

无论你的团队是提供自助服务产品还是咨询服务，任何无人购买或使用的产出都不会有投资回报。如果无人购买你的解决方案，你的人才情报产品和解决方案就会失败。因此，你要认真考虑推出产品和服务的方式、建立和获得采购订单的方式，以及与客户建立信任的方式。

## 建立品牌

我坚信，无论是大型人才情报团队还是人才情报个体，都应建立自有品牌。品牌是其识别符号、标记、标志、名称、口号或标语，用以区别于内部和外部所有其他品牌的产品。品牌对于建立信誉、吸引受众以及构建可信赖的形象是不可或缺的。随着团队的成长，这种品牌建设对于形成组织内的集体认同感也是至关重要的。因为人才情报领域的潜在从业者在加入其真正的归宿之前，往往会在更广泛的组织（比如，人才招募、人才管理、战略或集中情报部门等）中略有迷失感（详见第 7 章）。

## 讲述品牌故事

关于品牌，最重要的是讲述品牌故事，包括品牌缘起、品牌象征和品牌目标等。这将塑造你的客户群和受众对品牌及品牌产品的看法。因此，拥有明确的愿景、使命和原则就显得尤其重要。

## 公开、诚实和透明

获取客户信任无捷径可走，信任是努力赢得的。正如商业和生活中的许多事情一样，公开、诚实和透明，是开始建立信任的一个起点。你应对你的产品、人才情报的优势和劣势及其局限性持开放态度，保持公开、直接和透明的姿态。有时，失误在所难免，但你要基于公开透明的准则处理失误，并为此承担责任。你与客户的利益是一致的。最好的结果是，各方能齐力推动整体商业目标的实现。与开放透明的伙伴合作是难能可贵的，这有助于培养可信赖的顾问关系。

## 了解你的目标受众

了解客户是建立任何人才情报能力的要素之一，其核心在于了解你的目标受众。这对于交付研究成果、发送沟通信息、建立内部人才情报合作关系和抓住内部团队发展机会，都是极其重要的。你应用心了解客户。对其关键驱动因素、痛点和需求的了解，有助于你为其特定需求定制解决方案，从而提升你的交付价值，并展现你对客户的关注和理解。这正是建立信任的核心所在。

## 良好的判断力和专业知识

你不应总是为客户提供他们想看的信息，而应提供其有必要了解的信息。一位真正的人才情报战略顾问，不仅应该消息灵通、知识渊博，精通技术层面的工作，同时也应具备丰富的经验，并积极向客户谏言，帮助客户做出正确的判断。人才情报战略顾问应着眼未来，不因担心损害长期关系而在短期决策或建议上有所保留。

## 团队介绍

如今，远程流行、效率至上，与客户现场会面甚至是在线会面都是一种挑战。我建议至少应在维基百科上建立一个“团队介绍”的页面，或在所有通信函件的结尾，附上“团队介绍”，以此方便客户了解团队品牌和团队成员。这在建立信任的过程中是绝对重要的一环。

## 征求反馈意见并采取行动

与客户开始合作后，你要以交付出色的成果为目标，永远不要满足于当下的成就。你应不断征求反馈意见，寻找可持续优化的领域（详见第 5 章），让客户看到你的用心。但最重要的是，你要根据征求的反馈意见采取行动，以表明对客户声音的重视。

## 进入壁垒

我建议在设计之初，从项目要求的角度出发，寻找潜在的进入壁垒，这一点可能颇具争议。但其对于精简需求和提升优先项目所需的能力至关重要。项目的进入壁垒包括：非自动化接收、层级和项目发起人，以及定义的显著商业影响价值。

## 非自动化接收

得益于已有的预填充字段，自动化接收或在线表格接收功能在某些方面简化了接收流程，但也存在一些风险，需要引起注意：

● 如果这是你唯一的接收机制（即没有后续电话沟通或会议讨论），那么你就有可能没有足够的信息来确保项目计划的健全性。

● 如果客户将接收流程的起始之时等同于项目的开工之日，那么你若在 5 天、10 天或 20 天后再跟进接收流程，就会给客户造成工作拖沓之感，使你处于不利地位，在交付期限上承受不必要的压力，并最终有可能令客户失望。

## 层级与项目发起人

为确保你在正确的方向上前进，并协助进行管理能力规划，建议你向领导层汇报新项目所需的资源。向哪一级领导汇报完全取决于企业的组织架构，但我认为，你至少应汇报至战略路线图制定者或决策层成员。这将有助于决策层确定工作的优先次序。你应邀请项目发起人加入项目接收和交付会议，并积极参与项目。

## 显著的商业影响价值

很多人才情报团队都在竭力表达其工作价值及影响（详见第 6 章）。我认为，将显著的商业影响价值作为项目接收的先决条件，既可省去费力解释的麻烦，也可确保客户在向你寻求支持之前，已经过深思熟虑。仅此一点便可减少“好的但非必要的”要求。你也可以在启动项目之前，预先定义好影响价值的大小。你可以使用任何数量定义，但衡量这一价值最简单的方法，是将平均完成时间乘以每日成本（你自己的成本或与研究公司相比规避的成本），再乘以你选定的任何价值乘数（10 倍是一个常见的选择）。

值得注意的是，你有时很难表述某些项目显著的商业影响价值。但这并不意味着你不应该做这些项目，你只是要意识到还需要哪些其他项目接收要求。最常见的是：

- 项目目标与团队目标相一致（例如，客户拓展、项目升级等）；
- 项目目标与更大的战略目标相一致（如 DEI 战略、早期职业战略）。

经常会有这样的情况：一位高级别领导需要支持，但他的需求不符合团队的项目接收标准。在此情况下，如果你能对接成功，就能在建立信任和成为一位可信赖的顾问方面有所建树。当然，你要清楚你的能力，以及作为一个团队或个体，你的主要精力应聚焦在何处。

上述内容还有很多需要深入讨论之处。这并不是一次短跑，无须立即实现上述所有目标，你可以选择适合自己的战场和节奏。

## 小结

本章内容丰富，有很多需要总结之处。首先，建立人才情报能力或职能并非易事。这是一个新领域，供应商的情况（详见第 9 章）仍然非常复杂：许多定义不清，客户群不明，产品输出（详见第 5 章）范围广泛，问题陈述较为模糊，客户识别具有挑战性……但是，任何一个在行业中不断发展的公司（其自身在变、其人才竞争对手也在变）都会产生对人才情报的需求。

因此，需求不是问题，如何拥有足够的人才情报供应，并具备人才情报管理能力，才是最大的挑战。从业期间，我接触的每一个人才情报团队都是如此。一旦领导层意识到可以获得精细的劳动力市场情报，需求将如海啸般涌来。我了解的现状是，由于没有足够的资源来覆盖更广泛的客户群体，大多数人才情报团队不得不主动控制其业务宣传，放缓业务发展节奏。

作者寄语

- 确保客户明确他们为何需要你的帮助，而不是由你向客户介绍你的工作对他们的价值。
- 邀请项目发起人参与项目，以帮助其确定优先事项，并成为你在企业高层的呼应者和代言人。
- 保持拥有核心项目（最初通常是那些被确定为痛点和警告信号的项目），但同样要考虑较大的亏本销售项目。
- 创建品牌，赋予它生命和意义，使其具有一定的代表性。
- 创建进入壁垒和控制机制，以确保你所做的项目真正具有价值，而非仅仅是“好的但非必要的”。
- 建立信任是你应全程关注的首要任务。

# 第5章

# 人才情报职能支持什么类型的工作？

本章在深入探讨人才情报职能支持的项目和产品类型之前，会首先探究有效的情报流程背后的结构和机制。我想重申，待支持的机制和项目类型很大程度上取决于你的组织、你的客户群和你所倾向的人才情报的定义。接下来，让我们深入研究人才情报项目的机制及其面貌。

# 构建人才情报流程

军事情报收集的五个阶段是计划准备、接近目标、展开询问、终止收集和上报结果。在人才情报环境中我们也可以看到上述阶段的影子：需求捕获、计划准备、开展研究、项目交付、项目复盘和利益相关者反馈机制。让我们深入了解各个阶段、洞悉人才情报流程吧。

## 需求捕获

在此阶段，你要真正理解企业、组织、客户的商业目标和问题陈述。从正式的项目接收会议到在线表格的填写，不同组织的机制可能会有所不同，但其目的是一致的。在启动需求捕获时，以下问题可以作为一个有益的指导：

- 你想解决的关键问题是什么？

- 此项研究有何显著影响，成功的衡量标准是什么？
- 影响决策所需的关键数据是什么？
- 哪些参数在（或不在）研究范围之内？
- 此阶段的进展需要告知哪些关键利益相关者？
- 交付的时间尺度是什么？
- 项目的保密级别是什么？

你还可以考虑收集更多的数据点，如项目的优先级别，你所支持的业务领域，项目类型（如地点评估、技能评估、竞争对手分析、并购情报、候选人倾听），支持项目所需的人员。捕捉数据点对创建管理信息的叙述非常有用。你还可以提出更多问题：谁是主要利益相关者？他们的公司级别或水平如何？谁是项目发起人？他们的公司级别或水平如何？这项工作的商业影响价值是什么？这项工作将影响到多少人？他们的平均工资是多少？这项工作涉及多少处地点？你是否为某项业务提供了过多的支持？你是否发现某些利益相关者成为你的回头客？你是否发现客户群对某些项目类型有很大的需求？整体的显著商业影响价值是什么？

建立一个结构化的接收表，用于确保在这一环节捕捉到所有需求点，这是一个简单易行的提醒方法（详见本章末尾的例子）。

你可能已经注意到项目接收参数包括项目保密级别和项目优先级。在了解更详细的项目规划之前，让我们先认识一下这两个参数。

1. 保密级别

在工作范围内，我建议创建一个保密级别列表。这对确保数据分区和数据安全很重要。

在数据保密方面，你可以采取两种理念。

（1）限制先行。对项目保密实施限制先行的理念，即假定所有项目信息在默认情况下都是高度受限的，在与利益相关者合作过程中，你需要将项目和数据共享开放到项目成功完成所需的最低限度。这可能需要签订大量的保密协议，并在一个数据受限的环境中工作。

（2）开放先行。与此相反的是实施开放先行的理念，即假定所有项目信息在默认情况下对所有人开放，在与客户和利益相关者合作的过程中，你需要逐步确定应对项目实施多大的限制，以确保所有目标得以实现。

上述两种理念无对错之分，但要定位清晰、权衡利弊。

限制先行的理念提供了较好的数据与项目控制机制，便于与客户和利益相关者建立信任，使其确信项目的保密性有保证。然而，这一理念人为地创造了信息孤岛。数据保护过于严格，可能会导致你失去知识共享和合作的机会。

开放先行理念是打破信息孤岛、共享知识，以及基于项目和倡议进行泛功能、泛业务和泛孤岛合作的极好方式。然而，如果对这一理念缺乏理解，客户最初可能就会因为担心保密性缺失和数据控制不严而对你有所保留。

明确保密理念之后，你就要考虑何种保密级别适合项目。传统上，信息分为四个级别：

- 保密的（只有高级管理人员可以访问）；
- 受限制的（大多数员工可以访问）；
- 内部的（所有员工都可以访问）；
- 公共信息（所有人都可以访问）。

我建议将级别进一步划分如下：

- 保密的（只有项目团队可以访问）；
- 保密的（只有人才情报团队可以访问）；
- 保密的（只有领导层可以访问）；
- 仅限于客户群体的信息（如人才招募）；
- 内部可访问的；
- 开放访问 / 不受限制的。

然后，你可以用此分类来设定保密规则和数据分区，以应用于任何一种知识管理系统、软件库系统或为传播信息和知识管理而制订的宣传方案之中。

2. 优先级矩阵

优先级矩阵对于有效的工作量管理至关重要。其通常是紧急性和重要性的综合体，同时兼顾显著影响、利益相关者层级和组织目标的一致性。

让我们来看以下解析：

- “重要性”活动是指活动的结果有助于实现与人才情报职能战略目标相关的目标。“重要性”活动应在项目接收后的优先级审查中进行评估和定义。
- “紧急性”活动是指与实现项目利益相关者的目标有关的活动，该类目标在项目接收期间被定义为具有商业价值。

请注意，仅仅因为某事项更显著或已升级，并不一定意味着它自动变为“紧急性”活动。

具体衡量方法如下。

优先级得分：项目被赋予 0 到 3 的分数，并根据以下矩阵指定一个象限类别。这有助于我们决定是否接受项目并确定各项目的优先级。

优先级得分 =［紧急性（1）+ 非紧急性（0）］+［重要性（2）+ 非重要性（0）］

然后，我们可以使用艾森豪威尔矩阵。

- 优先：3 分，高重要性、高紧急性

这些项目既能实现人才情报职能的战略目标，又能实现客户的战略目标，是具有明确影响力的高可见性项目。

- 次优先：2 分，高重要性、低紧急性

这些项目能实现人才情报职能的战略目标（如客户拓展、赞助水平），但也许对所涉及的利益相关者没有明显的业务影响。

- 一般优先：1 分，低重要性、高紧迫性

这些项目不能满足人才情报职能的任何战略目标，但可能会对客户的业务产生明显的影响。这些项目可能以“临时”或“增值”的形式出现，有助于你获得利益相关者的信任。

- 无优先性：0 分，低重要性，低紧迫性

这些项目不需要考虑。

以上只是举例说明，具体的优先级矩阵可能还要考虑其他因素，比如，受影响的雇员总数、商业影响价值、客户资

历等。你也可应用一个完全不同的评分机制。应确保优先级矩阵模型反映了团队想要推动的关键绩效指标（详见第 6 章），以确保工作方向与试图实现的最有影响的目标保持一致。

## 规划和签署

这一阶段对于成功完成项目是至关重要的。在此阶段，你将阐明工作内容、工作方法，以及描绘项目历程，并将审视可能存在的依赖关系：

- 是否需要与内部或外部团队接触以获取数据？
- 是否有能力完成相关工作？
- 是否掌握完成工作所需的技能？
- 是否可从外部获得所需的数据集？
- 从交付日期开始倒推，确定各个阶段需要研究的内容。

这一阶段经常被忽视或被仓促完成，因为团队或个体都希望尽快签署项目，并进入交付模式。但重要的是你应在前端用足功夫，以确保项目有最大的成功机会。

在此阶段，你要审视根据需求捕捉到的信息，并将其概括为一个清晰简洁的问题陈述，真正理解可交付成果清单、交付日期、所需资源，并明确项目计划签署后整个交付阶段的沟通时间表。

你可以利用这一时机，使用 SMART 方法锚定具体的项目目标：

- 具体的——对项目目标要非常清楚，并能以简洁明了的方式写出来，让大家容易理解。

- 可衡量的——如何知道项目已经成功交付？在可能的情况下，使用可量化的语言，以确保成功的标准清晰明了。

- 可接受的——项目计划是否与需求相一致，是否会被客户和项目发起人接受？

- 实际的——项目是否可行？目标的实现是否符合实际？为确保成功，目标需要切合实际并且能够实现。

- 有时限的——将项目和目标联系起来并设定时限是一个非常有效的原则。这意味着各个目标都应该有一个明确的截止日期。

例如，一个糟糕的目标陈述可能是："我们正在努力应对流失率的挑战。"

可将此目标陈述优化为："流失率逐月上升 5%，目前为 22%，这使我们每月损失了 30 万美元的生产效率。"

如此一来，项目目标就清晰、具体、可衡量地被表达了出来：交付时间和项目目标是可接受的，项目目标是符合实际的，项目周期和降低流失率目标是在合理范围内的，整个项目和目标陈述是有时限的。

制订一个明确的项目计划之后，让我们与客户一起签署这个计划。

目标明确后，你应创建一个项目计划，生成一份列明所有重点的文件，然后，向客户发送此文件，由其最后签署和批准。这是一个重要的抓手，可以确保双方的期望是一致的、项目的范围是明确的。在此份项目计划上，你应再次确认：

- 问题陈述；

- 可交付成果；
- 成功标准；
- 范围之内；
- 范围之外；
- 风险和相互依赖关系；
- 保密级别；
- 利益相关者；
- 项目团队；
- 时间线；
- 显著的商业影响和核心战略方向。

建议确认和签署此份项目计划之前，你不要启动项目。这一点至关重要。它可以让你在后期项目出现问题时审查项目计划，从而确认哪些问题属于范围之内、哪些属于范围之外，以及预期成果和可交付成果等。项目计划经签署并得到各方同意之后，你便可进一步探讨细节、启动研究了。

## 研究

研究阶段需要你认真和细致。研究内容、研究方法、分析整理手段等在不同的研究中各有不同。有的需要汇总劳动力市场宏观数据；有的需要进行初级研究，与候选人、招聘专员、竞争对手交谈，以获取定性或定量数据；有的需要审查技能分类标准；有的需要使用开源情报；有的需要使用人工情报。此阶段的广度与团队承担的工作广度一样宽泛。但在整个研究过程中，保持结构化是至关重要的。

你要使用明确的方法，清楚各个参数可能需要的分析时长，并以合理的顺序来处理它们；应提前与数据合作伙伴联系寻求支持，因为他们可能需要几天或几周的时间来提供数据。

## 数据可信度模型

研究开始后，我们会从不同来源收集到海量信息。因此，我认为随着对数据访问的增加和人才情报领域的成熟，数据可信度模型的重要性会逐渐凸显。

此模型共有三个值：文档可信度分类、数据源分类和数据点分类。文档可信度分类是你对整个文档的设置的可信值；数据源分类是你对数据源本身的价值判断；数据点分类是你对数据点本身做一个最终分类。数据可信度模型为数据验证和可信度提供了一个从单个数据点到整个项目的整体视角。

## 文档可信度分类

文档可信度可分为高、中、低三类：

- “高文档可信度”通常表明，判断是基于高质量信息和问题属性做出的，具有可靠性。然而,“高文档可信度”的判断并不等同于事实，它仍然有可能是错误的。
- “中文档可信度”通常表明，有可信的来源和可信的信息，但没有足够的信息质量或证据来保证更高的可信度水平。
- “低文档可信度”通常表明，使用了有问题或不可靠的信息，信息过于零散或证据不足，无法做出可靠的分析推断，或者对信息来源存在重大担忧。

可见，这种文档可信度分类在很大程度上是围绕着数据本身的质量展开。接下来，我们将对数据源本身进行分类。

## 数据源分类

与文档可信度分类类似，数据源可分为可靠、未经检验和不可靠三类。

- 可靠的数据源——来源权威且可靠的信息就归属于这一分类。该类包括来自人力情报、技术、科学及供应商渠道的信息。重要的是，在某个来源被认定为可靠的数据源之前，其必须同时通过权威和可靠性这两项测试。如果其中任何一项测试失败，就应判定其为不可靠。
- 未经检验的数据源——来源不一定不可靠，但应谨慎对待所提供的信息。在根据该信息采取行动之前，你应考虑进行确证。这适用于无法确定来源的信息。
- 不可靠的数据源——这一分类应该在有合理理由怀疑来源的可靠性时使用。该类包括对数据来源的真实性、可信度、权限或动机的担忧。在根据这一信息采取行动之前，你应寻求确证。

最后，数据点可被评分为 1 分至 5 分。

1 分。直接消息来源，一手信息。你必须注意区分一手消息来源和来自第三方的间接消息来源。

2 分。已证实的间接消息来源，并非一手消息来源，但信息的可靠性已通过得分为 1 分的信息或情报的验证。此类已证实的消息可以来自技术来源、其他情报、调查或询问。在确证时，你应注意确保作为确证的信息是独立的，而非来自同一原始来源。

3 分。间接消息来源，他人告知的消息，即消息来源并不掌握第一手资料，未亲自见证。

4 分。未知消息来源，无法评估其信息准确性的消息来源。

5 分。可疑消息来源，无论如何得到这一信息，你都有理由怀疑消息来源所提供的信息不实。

在此情况下，任何给定的文件或项目都会有一个整体的可信度评级（高、中、低），项目中使用的每个数据源都会有一个可信度分类（可靠、未经检验、不可靠），数据点本身也会有一个可信度得分（1 分至 5 分）。此种水平的数据查证远远超过目前人才情报领域的任何标准，我相信这对于进一步提高所用数据源的专业性和可信度，以及企业领导者对人才情报职能的信任和信心，都是极具价值的。

## 项目交付

签署项目计划，并知晓数据来源及其可信度之后，你就应着手将其整合成一个项目实施交付。你要明确谁将使用你的研究成果、你的工作成果将如何被采纳，以及适当的交付机制是什么。

交付机制可能是一次公开讨论，在讨论中，你使用的是 Excel 工具建模，也可能是公开发布一份白皮书、一份针对性报告，供与会者在主会议和分会议召开之前阅读，还有可能是一份 PowerPoint 演示文稿。

不管利益相关者是谁，你都应通过交付机制进一步明确你的目标。如果你想获得严格的控制和反馈，那么发布白皮书就不合适。如果你想控制流程和数据，那么提交供会前阅读的报告就不能达到理想效果。

## 项目后的总结回顾

在团队中，这是最重要的一步，也是经常被忽视的一步。项目后的总结回顾是一个内部总结会议，参与项目的人才情报团队的每位成员都要后退一步、暂停一会、反思一下，回顾项目交付的全程。

总结会议在项目结束后举行，旨在回顾整个项目、审查项目的成功程度，以及是否有任何需要改进或更新的流程。在团队进入下一个项目之前，总结会议是项目交付过程的最后一步。

将总结安排到最后，是完全可以理解的。因为团队平时忙于交付，需要完成大量的工作，抽出时间和空间进行项目审查，往往不在其考虑范围之内，也不在优先事项名单之上。然而，我认为不管是面对面总结还是在线总结，都应是任何工作清单上最重要和最优先的事项。

总结会议是为了回顾哪些地方做得好、哪些地方可以做得更好，以及哪些地方可以在下一个项目中进行改进。会上，你可以采用全面的直升机视角回顾项目接收情况、审查交付情况和分析产出情况。团队是否真的发挥了全部能力？是否为客户提供了最好的成果？如果没有，原因是什么？

在总结会议上，我们需要遵循几条重要的规则：

- 这是关于总结学习的会议，不是对任何失败或失误进行指责的场合，而是旨在减小这些情况在未来再次发生的可能性的场合。
- 这是一个反思、成长和发展的舞台，是一个没有评判的安全谈话空间。
- 这是一个开放平等的论坛，无论与会者或主持人的身份如何，在会上均无等级之分。

你要努力做到保持客观，减少主观因素，单纯地关注项目的进度和成功。

为确保总结会议顺利进行，我建议你制定一个标准化的会议议程，以搭建会议结构，从而便于团队成员提前考虑将要提出和讨论的问题。

如下是一个基本的会议议程框架：

- 我们是否实现了项目接收文件中的既定目标？
- 我们在哪些地方做得较好？
- 哪些地方出了问题？
- 如果我们再做一次这个项目，我们会采取什么不同的做法？

你可以考虑将整个项目流程划分为由利益相关者或合作伙伴团队负责的不同阶段和赛道，并要求团队成员对流程中的每个阶段进行评分，了解他们在该阶段的参与度，以及他们在该阶段的总体工作效率。你可以通过打分（1~5 分或 1~10 分），红黄绿状态（红色表示差、黄色表示需要改进、绿色表示好），或简单地在整个时间轴上放置快乐或悲伤的表情来完成。这是一个非常快速和有效的方法，让你可以直观地了解团队成员和合作伙伴团队，以及整个项目流程中的痛点。

其他问题还包括：

- 如何更清晰地沟通？
- 如何在最后期限前交付？
- 导致能力瓶颈的原因是什么？
- 如何以不同的方式设定期望？

最重要的是：

- 如何行事以避免重蹈覆辙？
- 吸取了什么教训？

在总结会议结束时，你要保存会议记录，形成明确的学习成果，还应制订行动计划和改进措施，以确保相关经验教训嵌入未来工作之中。会议记录可以是结构化的形式，也可以是一份调查报告，抑或是共享的“总结日志”。总之，其应是清晰的、结构化的和可访问的。

建议定期审查这些反馈记录，以了解是否有反复出现的主题，以及是否真正吸取了教训，或者是否一次又一次地重蹈覆辙。这不仅对直接项目团队很重要，对更广泛的组织、合作伙伴团队和利益相关者的学习、发展和演变也很重要。

## 利益相关者反馈机制

从开发客户和增进信任的角度来看，利益相关者的反馈是任何项目中最有价值的信息。获取利益相关者反馈的机制可能有所不同：有的通过在线表格或在线调查，有的则选择召开面对面的反馈会议。确保召开一个有价值的反馈会议的关键在于明确会议目标：

- 反馈会议以发展与总结为目标，它不是一个收集反馈意见用于为个人打分和评级的会议（因为这可能会在反馈意见中产生偏见）。
- 反馈会议旨在围绕所交付的工作进行讨论，探索一个团队、一种职能或一项产出如何改进，以获得明确的定性和定量的数据点。
- 这是一个强化联系的会议，有利于持续夯实与关键利益相关者的关系。

在反馈会议上，可提出的典型问题如下：

- 净推荐值（NPS）：您向同事推荐人才情报的可能性有多大？
- 客户满意度（CSAT）：您对我们的产品和服务的满意度如何？
- 客户费力度（CES）：我们为您解决问题提供了多少便利？
- 您如何评价交付的及时性？
- 您如何评价团队沟通？
- 您如何评价我们提供的研究成果的准确性？
- 这项研究对您的决策过程有多大价值？
- 您评价的主要依据是什么？
- 我们如何可以做得更好？

就个人而言，我一直倾向于面对面召开此类会议的第一个原因是：为了获得更高的完成率。传统上，在线表格的完成率很低，当你在处理与人才情报相关的低数量、高价值项目时，这种在线机制无法提供足够的数据点来进行任何有意义的反馈。我喜欢面对面会议的第二个原因是：我们可以利用这一时机影响企业领导层，这将产生显著的战略价值。我们可以真正看到研究是如何落地的，以及它如何产生影响。如果事情未按计划进行，那么反馈会议也可以是一个声誉管理或预期调整的时机。反馈会议可以是一个为人才情报职能开发业务的绝好机会，你可借机展示人才情报的支持能力，发现并解决让客户夜不能寐的棘手问题。面对面的反馈会议对于团队发展、产品开发以及与客户群建立信任是至关重要的。如果通过在线调查或在线表格进行反馈，你就会错失这些探索性的对话机会。

## 人才情报可参与哪些类型的项目？

这一问题不好回答，因为答案取决于你所使用的人才情报的定义，和已到位的合作伙伴或支持团队。在本节中，我将使用包括人才招募分析和采购情报在内的更广泛的人才情报视角，但不会进一步探讨人力资源分析或人力资本分析。

### 人才招募分析和采购情报

人才招募分析和采购情报是大多数人才情报职能最常见的

出发点。撰写本文时，大多数广义的人才情报活动仍限于此。

在人才招募分析和采购情报中，你可以深入研究诸如管道分析、应用渠道分析、达成雇用时间缩减、招聘成本等主题。

## 市场地图绘制

市场地图绘制，有时也被称为潜在市场地图绘制，是一门艺术，也是一门科学。它是一种利用竞争对手情报来了解市场上的候选人数量、谁雇用了其中的大多数、需求（职位）与供应（候选人）之比、市场的平均工资水平、市场的 DEI 数据等，然后利用所获信息来确定适用于采购计划的最佳方法。市场地图绘制能为企业和人才招募提供对市场的分析和洞察，有助于企业了解竞争对手，以及为竞争对手工作的优质被动型人才的就业状况。这一切都有助于设定招聘的可行性，突出寻访标准中的潜在挑战，确保企业有能力以合适的水平、地点和多样性比例吸引最佳候选人。

### 总可触达市场测绘

虽然这一术语很流行，但经常被误解和误用。人们常常将其理解为“总可获得市场”，而非“潜在市场”。前者是指能够看到并经常接触到的可用人才，而后者是指实际存在的整个市场。此种差异往往是由已有的平台市场渗透率和候选人行为所造成。

## 画像校准

画像校准有时会与市场地图绘制紧密联系在一起。当它作为一项单独服务存在时，它旨在深入研究画像本身、角色设计、技能需求、基本资格需求、角色层级、角色职权范围等内容，并与其他竞争对手市场进行比较，了解是否存在角色的根本错位。你可将画像校准作为初稿，用于绘制一张完整的市场地图，但这并非必需的步骤。

## 采购手册

编制一本采购手册是一个值得推荐的好做法，既可减少重复的请求，又可为招聘和采购团队提供可执行的情报。编制一本采购手册可以免去招聘专员对现有市场、工作职能或业务范围再次进行搜索的麻烦。采购手册有助于人才招募团队使用更有针对性的采购方法，以缩短招聘周期。采购手册中应包括哪些内容？采购手册通常应关注工作量大但重复度高的工作。比如，布尔字符串的生成。布尔字符串是一种较长但标准化的搜索字符串，通过使用布尔逻辑（“与”“或”“非”“异或”等）[①]创建，常用于搜索职位名称、技能或多样性参数。因此，如果我们正在寻找一位人才情报专家，一个简单的搜索字符串可以是：

职位名称参数内包含（人才“或”市场）“和”（洞察力

---

① 布尔逻辑符号：and、or、not、xor。——编者注

“或”情报“或”分析)“和”以“人才情报”为技能。

通过这个搜索字符串，我们可以找到职位名称为人才洞察、市场洞察、人才情报、市场情报、人才分析、市场分析的个体。

无论是按市场、职能还是业务范围进行切分，你都可以设置特定的布尔字符串，以便在整个企业内使用。招聘专员不必每次都重新设置。你也可在字符串中突出关键竞争对手、特定技能、特定国家或语言、DEI 搜索参数、大学搜索参数等。当然，你可以针对不同的职位类别、角色职能和工作地点，专门为领英(LinkedIn)、谷歌(Google)布尔搜索及目标平台的社交媒体优化布尔字符串。

## 复活历史候选人

“复活历史候选人”服务是人才招募分析的一个领域，由于求职者跟踪系统(ATS)的数据分析常常不尽如人意，这一领域在企业内部经常被忽视。“复活历史候选人”不是一个传统的报告机制，但它存在令人难以置信的价值。通过这项服务，你可以回溯历史候选人库，去发现以前曾经历过招聘流程但未成功的候选人。其失败的原因可能是职位削减，可能是招聘专员离职时未交接清楚，可能是败给了更强劲的竞聘对手……不管是何原因，你总会发现一批有意入职公司的候选人。他们可能已经接受过某种程度的面试，正等待着被复活的机会。对于复活历史候选人，你的人才情报团队都做了哪些工作?是主动作为完成了整个复活流程，还是仅限于将发掘到的历史候选人移交给营销部门、采购部门或招聘部门，建议其重启聘用流程？这完全取决于你的职能模式和职权范围。

## 实地警报

实地警报是人才情报的一个部分，与沟通紧密相连，可以对市场上的裁员、并购、企业燃烧率、高管调动和竞争对手弱点等做出快速反应，这在当今快速发展和变化的人才环境中是至关重要的。为上述领域建立一个警报机制并非易事，可能需要大规模地收集数据，也可能需要在市场上建立一个数据收集者的网络（通常以招聘专员的形式），还可能需要对数据进行整理、处理，然后通过电子邮件、定期更新的维基页面等推送出去。实地警报价值巨大，但对其的建立与维护需要付出相当的努力。

## 人才情报咨询

通过与客户合作，人才情报咨询可使企业以灵活的方式进行扩展和响应，同时从劳动力市场的角度降低风险并评估可行性。人才情报咨询旨在利用劳动力市场情报影响上游的商业决策，以提高决策质量，同时对人才招募等团队产生积极的下游影响。

## 位置战略

我们需要对全球人才市场进行深入研究，以支持团队的布局或扩张，包括对人才供需、成本、风险、现有公司的存在以及维持未来增长的可行性进行分析。对于所有的选址工作，重要的是要了解谁是关键的决策者以及决策机制是什么。对大多数公司来说，答案可能是房地产。所以，你可以寻求与房地产团队合作，以塑造你的物理足迹。

考虑到远程工作的增加，未来的劳动力布局可能会更加分散，这一点尤其要注意。但重要的是，这些决定并不总是由房地产驱动的，也可能是职能部门的领导有意扩大组织版图导致。你应了解，这些决定是多方面作用的结果，需要一个强大的利益相关者网络。

你很可能想求助于财务部门，了解在特定地点可能存在的税务减免方面的任何财务政策。人力资源或法律部门也可能想参与进来，了解开展业务的便利性。公共政策部门也可能希望参与其中，了解你如何在一个特定的市场中打开局面。我们并不是孤立地完成这些工作的，因此，在这些过程中尽可能多地让合作伙伴团队参与进来是非常重要的。

## 人才流动分析和基于技能的情报

通过了解人才在不同雇主、行业、地域间的流动并确定技能的转变来调整人才招募和企业战略是至关重要的。我们可以利用这些人才流动信息来了解哪些组织是人才磁铁、他们是如何扩张的、他们在使用顶级表现者方面有多么成功、他们是否在所有市场上平等地扩张，以及他们是否在一个新的领域大胆地发掘新型人才。同样，你也可利用这一点来促使做进一步的审查：他们是否因为更高的报酬而成为人才磁铁？他们是否有更强的候选人情绪？他们中特定的领导是否是人才磁铁？他们的组织设计是否更有利于候选人发现所需的工作类型？他们是否对远程工作更加开放？他们是否有更强的组织文化？

你很少能通过人才流动分析来回答任何问题，但它会让你提出更有力的问题，特别是通过一段时间的跟踪和监测之后。

## 并购情报

人们普遍认为，一个组织的好坏取决于其员工。这一点在任何并购过程中都表现得最为突出。任何并购活动都可以为提升整个组织的人才质量提供机会；在并购战略中，获得高技能员工是并购的主要原因。在早期尽职调查之前，人才情报部门可以与并购部门合作，深入了解特定市场。这是并购过程中的早期阶段，双方并无接触。这是一个运用人才情报中的开源情报能力解读企业结构和竞争对手的好机会。人才情报部门可以从技能和人才的角度了解潜在的并购目标；可以审查互补的足迹、进入市场的战略、互补的公司结构和互补的组织文化，以此突出人才保留问题、声誉问题、领导力挑战等任何潜在的风险。这是目前在早期阶段的预先尽职调查过程中容易被忽略的一个方面，但对组织内的并购团队而言却是非常宝贵的一环。同样，任何并购的尽职调查过程都会有审查和优化劳动力分布、劳动力平移、地理覆盖、工资平移等时机。这些都是人才情报部门可以参与的活动。你应虚心听取并购团队的意见，了解并购背后的关键驱动因素，以提供他们所需的支持和产出。

## 文化情报

与并购情报紧密相连的是一个新出现的文化情报领域。荷兰皇家飞利浦的莱拉·莫特（Leila Mortet）推出了这一要素。莱拉·莫特担任企业心理研究科学家，领导和支持以下各种项目：

- 为并购目标公司制定和实施科学领导力及文化评估；
- 对并购目标进行定性和定量的人力资本风险评估；
- 对潜在并购目标的人才评估；
- 制定敏捷性评估，提出战略变革管理倡议。

这一概念将文化情报和心理学作为评估潜在成功或风险敞口的视角，其本身远远超出了并购活动的范畴。如果你要进入一个新的国家，那么你要了解这个国家的文化是否可能与你的组织的工作文化相适应。如果你想推出一种新的团队工作方式，即采用分散的团队和流动的组织结构，那么你要考虑到已有的企业文化。

这并非你想象的那样，与日常工作相距甚远。心理学在整个人才领域已经被广泛地使用：

- 在人才评估方面，我们在过去 20 年里进行过各种心理测评。
- 在采购和人才招募领域，我们已经使用文本分析来评估性别化及多样化、非多样化的语言选项。基于20世纪70年代的一些心理学研究，相关工作已开展10年之久。

- 在招聘营销中，人们对行为科学在广告和营销中如何应用的关注度越来越高。

我们仍在研究行为和心理学家在人才情报方面的发展空间是什么，相信这一领域肯定会有他们的一席之地。

## 基准分析

我们有必要在此强调，基准有时会成为各种不同产品或产出的统称。这里的关键区分点在于，通过基准分析，你想了解你的公司与外部市场上的竞争对手相比如何，包括但不限于多样性、人才流动、人才管理、情绪分析、组织设计等。请注意，上一句中的“相比如何”是重点。为了实施真正的基准分析，你将需要尽可能多的内部数据。比如，你需要与人力资源分析、薪酬和福利、组织设计、财务和房地产等部门紧密联系。真正的基准分析是非常困难的工作，你需要花费大量时间、精力和资源来深入了解竞争对手，并与你自己的组织相比较。在基准分析中，我一直建议大家应做尽可能多的初级研究。比如，与新入职竞争对手企业的雇员交谈，与从竞争对手企业刚刚离职的雇员交谈（如此行事之前，请确保你遵守相关法律框架）。当然，你可以在网上找到大量的二手数据。但与个人面对面交谈时，你总会发现一些有价值的信息。

## 多样化情报

到目前为止，已有大量的证据表明，为什么整个组织的多样性是绝对重要的。如果不改变现状，不挑战传统的采购、招聘、评估、晋升、绩效管理或组织设计方法，那么你要实现这种多样性几乎是不可能的。我们必须以不同的方式行事。我们必须把事情做得更好。具体措施可能包括：

- 审视非传统的招聘库，挑战历史上通用的招聘标准（学校、学位要求或前任雇主要求）。
- 从 DEI 的角度查看漏斗转换指标，以及流程中哪里存在瓶颈。
- 查看特定工种、市场、业务部门的 DEI 可行性，并与市场或竞争对手进行基准对比，发现需要改进的地方。

多样性对于任何团队来说都是最具挑战性的领域之一，特别是在政府收集的数据高粒度不足的地区。你应明确你的多样性情报和数据集的目的是什么，以及从数据道德的角度你能接受什么。例如，你可能正在为欧洲国家的某项工作收集多样性数据。理论上，你可以从工作参数中搜索重点人物的社交档案，并通过文本分析查看其姓名，并推断其性别。你可以搜索档案中的文本查看其学校或附属机构资料以证实这种推断。你可以搜索他们的照片，并推断其种族。但这并不意味着这项工作是适当的、公正的或道德的，你要极其小心地处理这类数据，并确保你的行为符合道德规范。更重要的是，在任何时候你的行为都要符合相关法律。

## 候选人倾听

候选人倾听是一个混合方法研究领域，可帮助我们对人才市场进行初级和二级研究，并执行我们的雇主价值主张，以吸引全球最优人才。候选人倾听还可以使我们能够与行业基准、网络声誉、改进领域和竞争对手情报紧密联系。

候选人倾听可以是通过查看大量候选人情绪数据进行宏观分析，此类数据可来自面试流程中的反馈；可以是查看宏观的外部数据集，以了解候选人对企业流程的看法及其对雇主的看法；可以是通过关注抖音等进行更全面的社交媒体倾听。当然，候选人倾听可能较难过滤掉企业品牌和人才品牌的影响。将其与初级研究叠加也是至关重要的。无论是通过面试、调查还是焦点小组，深入研究特定的人才群体总是必要的，这有助于我们了解人才群体的主要驱动力及其看法。

## 未来情报：未来视野和干预措施

没有其他情报职能可以像人才情报职能那样，从水晶球中看到竞争对手的未来并进行预测。这意味着你可以展望 18 个月以上的未来（未来视野），发现你将面临哪些不利因素、哪些挑战、劳动力市场的转变，继而推出应对这些挑战的解决方案和战略（干预措施）。

情报在宏观层面上已日益流行，企业聘请经济学家团队研究不断变化的世界将如何影响业务，但很少有企业更进一步，即从人才角度研究不断变化的世界将如何产生影响。我们看到人才短缺产生的影响已在实时上演：在英国，因脱欧而导致劳动力短缺；尽管卡车行业十多年来一直强调人才短缺的问题，但全球卡车司机短缺的现状仍未改观。未来哪里会出现人才短缺和人才缺口？建立一个由资深商业分析师和经济学家组成的未来人才情报团队，可赋予你未来视野，并给你提供干预措施，助力缓解这一问题。

## 竞争对决卡

“竞争对决卡”，有时也被称为“竞争对手比较卡”或“竞争对手摘要卡”，是销售团队的常用工具，用以提供一个快速参考点，以了解竞争对手在特定领域中的表现并与自身进行比较。上述特定领域包括产品规格、服务、功能、定价、市场渗透率等。销售人员利用竞争对决卡图表说服潜在客户相信其价值主张的益处，同时巧妙地强调竞争对手潜在的产品弱点或缺陷。

近年来，随着人才争夺战不断加剧，竞争对决卡的概念在招聘界找到了一个自然的归宿。竞争对决卡可以成为比较公司间优势和劣势的有效方法，其通常与直接竞争对手比较，但随着过渡性技能的增加，也可与人才竞争对手比较。创建竞争对决卡主要有两种方法：一级数据点和二级数据点。大多数组织会以相反的顺序进行创建。他们会从二级数据点来源开始，收集尽可能多的规模化情报，主要关注：流失率，员工价值主张信息，情绪评分（职业发展、领导力评分等），招聘模式，员工对热点话题的立场（如 DEI 或远程工作），任何绩效或薪酬信息（如审查期、评级或授权计划）。

你可以利用招聘专员通过与潜在候选人的谈话（应确保合法性），以及与目标公司前雇员的面试（再次强调合法性）收集的信息，来充实初始竞争对决卡的内容。这些面试信息和一级数据点对确保竞争对决卡的可信度至关重要，还可确保其作为一份活文档保存。竞争对决卡并非一个为得到时间快照而创建的一次性项目，而是一个持续的工作“计划”。你从一开始就应确保对每张竞争对决卡进行定期更新，因为任何过时或停滞的数据，都会对你的人才情报产品产生不良影响。因此，你需要在当前团队或扩展团队中建立持续的能力，以确保保持最新的数据。

在撰写关于竞争对决卡的章节时，如果不强调在人才情报工作中率先使用竞争对决卡的两位人士，那么这会是笔者的一种失职。他们是夏洛特·克里斯蒂安森（Charlotte Christiaanse）和安妮·蔡（Annie Chae），他们在微软、亚马逊和荷兰皇家飞利浦的竞争对决卡领域作出了突出的贡献，为具有商业头脑的人才情报职能设定了基准并提高了标准。

## 情报在线

情报在线是一种程序化的人才情报方法，你可以针对特定的竞争对手群体开展永久性的情报活动。这是一项计划，也是一个支柱，其由杰出的马莱克·波尔斯（Marlieke Pols）在荷兰皇家飞利浦发起并推动。理想情况下，情报在线应与市场情报职能保持一致，以便向企业高层领导提供一致的、定期的情报信息包。你在建立情报在线伊始，就应通过总体设计实现其可扩展的情报功能。使用情报在线提供精彩分析和深刻洞察是非常好的初衷，但如果需要大量劳动密集型工作，且无法扩展到几十或几百个竞争对手，那它可能并不实用。同样，如果情报在线是可扩展的，但需要消耗大量分析时间，导致其无法与更广泛的情报服务一起定期完成，那它也可能不实用。

你可能希望获取的特定竞争对手的数据类型还包括（但不限于）：

- 招聘信息和相关分析，既包括宏观上的趋势，也包括微观上的支点和变化。你关注的应是异常现象，而非正常运营。
- 评论网站上的情绪分析。
- 新闻分析。
- 高管调动。
- 知识产权审查（希望知识产权团队或市场情报部门已掌握这方面的信息）。

情报在线如同一个人才雷达，可用于早期预警和威胁检测。如果竞争对手在某地开设了一个新工厂，情报在线就可检测到这一威胁，并发出早期预警。如果竞争对手正在通过雇用新员工打造组织支点，以威胁你的市场地位，或其正在寻求拓展新市场，并引进新领导来破坏新市场的平衡，以威胁你的市场地位，那么你的人才雷达上就会出现威胁预警。如果竞争对手正在寻求扩大其技术团队，而你是一个潜在的招聘来源，你就可以提前向领导层汇报此事。

如果操作得当，情报在线就可以成为人才情报库中最强大的武器之一。你不仅能够在竞争对手向市场宣布之前，从人才和企业的角度提前发现竞争对手的动向，而且能从这种研究中直接看到更广泛的市场情报，并定期向领导层汇报。这是一个展示人才情报服务能力的绝佳窗口。

# 竞争对手情报

以下关于竞争对手情报的部分，是基于杰伊·塔里马拉（Jay Tarimala）的研究成果进行的深入探索。杰伊是一名人才招募专家，在加拿大和印度的人才招募领域拥有 15 年以上的工作经验。除了采购，他还擅长招聘、人力资源运营、情报研究、提案撰写、兼并收购等工作。杰伊写有以下三本专著：《采购和招聘手册》（*Sourcing and Recruitment Handbook*）、《正确对待多样性和包容性》（*Diversity & Inclusion—Getting it Right*）和《研究方法和投标管理》（*Research Methods and Bid Management*）。

竞争对手情报（CI）在绘制当前及新兴竞争对手的组织结构、薪酬福利趋势、团队结构、职业成长参数等方面，能够发挥显著作用。

## 信息收集来源

竞争对手情报成形的方式很多，其有两种信息收集来源。

一级信息来源包括：

- 外部买家；
- 供应商；
- 合作伙伴；

- 研究机构;
- 贸易展览和活动中的竞争对手的员工;
- 公司内部的销售、工程和研发团队。

二级信息来源包括:

- 社交媒体;
- 竞争对手的网站;
- 新闻发布;
- 专利和商标网站;
- 雇主评级网站等。

## 如何收集竞争对手情报?

竞争对手的网站是研究竞争对手的首要信息来源，是一个名副其实的信息宝库，你可以从中了解其运营、优先事项、增长途径、增长杠杆、伙伴关系、扩张战略和产品或服务组合的变化。在竞争对手网站上，你也可以跟踪其新闻发布、活动出席人员和活动赞助方，以更好地了解其如何推广自有品牌。如果竞争对手是一个公开的上市机构，你就可查看其网站的“投资者关系”板块，阅读其季度和年度财务报表、分析师简报以及公司治理和社会责任声明。公司季度和年度报告会提供很多关于风险、收入、利润率、高层管理人员的薪酬福利、财务健康、子公司、伙伴关系、增长领域等方面的信息。

搜集竞争对手职位板块的招聘信息，生成一个高级信息视图，展示竞争对手当前及未来项目图景、技术投资领域、意向技能和新生产地点 / 服务交付中心等情报信息。

初创企业是可能颠覆当前商业模式，并改写游戏规则的新兴竞争对手。以下是一些可用的工具，可用于开发关于初创企业或更成熟的竞争对手的情报报告：

- Owler——提供公司数据（竞争对手、收入、员工人数、兼并收购、资金等）。
- Pitchbook——提供与雇员人数、办公地点、联系信息、融资历史、财务状况、高层管理人员姓名和董事会成员有关的信息。
- Crunchbase——提供私营和上市公司商业信息，包括投融资信息、创始成员和担任领导职位的个人、收购兼并、新闻及行业趋势。

**警报**

谷歌警报（Google Alert）是监测竞争对手当前业务的一个很好的应用。你只需输入一个公司名称或任何想关注的话题，并输入谷歌警报的电子邮件地址，即可完成监测设置。谷歌警报包括警报语言、警报频率和警报类型（博客及新闻等）等多个选项。

你也可使用 Talkwalker 替代谷歌警报。在 Talkwalker 上，你同样可设置警报功能，过滤新闻、博客、推特、讨论区的信息。你可使用 22 种语言监测追踪，还可将范围缩小至来源国。上文讨论过的布尔字符串及通配符也适用于 Talkwalker。

你可在此比较两家不同的公司、查询最重要的主题，也可查询通过特定搜索获得的影响者信息。

### 营销信息

每个公司都会针对潜在客户宣传产品或服务，并将推荐信、案例研究、油管和照片墙（Instagram）视频作为其营销信息的一部分。通过跟踪这些信息，你将了解到公司的主要客户，其赢得客户的方法，及其打造品牌的途径。

你也可以跟踪公司新闻稿、活动出席情况（活动未出席情况也是一个很好的数据跟踪点）和活动赞助情况，以更好地了解该公司是如何推广自有品牌的。你尤其要注意其发布的哪些内容在社交媒体上产生的反响最大。

### 追踪关键员工

你可以在领英和其他媒体上查看竞争对手的关键员工资料，如从业资格、技能、认证、工作履历、当前角色和职责等，密切追踪关键销售人员的招聘和离职情况。追踪方向可以是未来发展迹象，也可以是人才保留问题，或是销售方向偏离问题。同时，你可以跨地域了解竞争对手采购和招聘团队成员的聘用或离职情况。

### 高管调动与最新动态

- 《纽约时报》或彭博社的报道是最容易被忽视的宝藏信息来源。
- 你可以通过使用非常简单的关键字来追踪高管动向，如下所示：

site:nytimes.com（首席执行官“或”首席财务官）（加入“或”雇用“或”降职“或”替换“或”离职“或”辞职）“沃尔玛”

site:Bloomberg.com（首席执行官“或”首席财务官）（加入“或”雇用“或”降职“或”替换“或”离职“或”辞职）“沃尔玛”

- 增加或撤换一位高管可能意味着很多事情。讨论其深层含义，并与受影响的团队分享讨论成果是非常重要的事项。例如，产品部的副总裁被免职，这可能意味着产品创新速度面临挑战，正在实施的产品功能未引起客户兴趣，或者可能存在产品可靠性问题。这种洞察力对于销售团队的竞争定位或营销团队的竞争活动可能是一个很好的支持。

**组织结构图**

从竞争研究的角度来看，组织结构图如黄金般宝贵。它们描述了组织内的层次和结构，让人能很好地了解决策是如何做出的，以及组织内部的动态。

从招聘角度来看，收集竞争对手的所有组织结构图相当费力，但最终可能是物有所值的。你可以查看以下网站：

https://theorg.com。这是一个简洁的小型组织架构地图网站，使用便捷。网站上列有高管姓名、常务副总裁姓名和董事会成员姓名。当点击首席执行官姓名时，你会得到一个报告列表。

## 竞争对手情报工具

以下是一些可用于分析竞争对手网站或客户网站的工具。

- SimilarWeb

如果想查询网站统计数据，比如流量来源、按国家统计的流量、使用的关键词、每次访问的页面、平均访问时间、推动流量的社交媒体等，你可以利用 SimilarWeb 来实现。它还可以将一个竞争对手与你或另一个竞争对手进行比较。SimilarWeb 的免费版本提供了一个良好的信息来源。

- Mediatoolkit

Mediatoolkit 可实时监测网络信息对企业品牌的提及，告知每一篇提及公司业务的文章、标签或评论，还可以将你与竞争对手进行比较，跟踪当前行业话题，寻找社交媒体影响者，识别有吸引力的帖文，分析品牌情绪。

- VisualPing

VisualPing 可在网页变动时通过电子邮件发出提醒，可拖动光标选择网页的某一部分或全部，查看是否有任何变化。

- Craft

Craft 是一款实用工具，可追踪公司的过去、现在和未来。

- Builtwith

Builtwith 是一款出色的工具，可跟踪竞争对手网站使用的框架、小工具、内容管理系统，以及电子邮件和虚拟主机提供商、广告网络和支持语言等，能够扫描网站，并提供线索生成、竞争分析和商业情报工具，助你了解竞争对手使用的互联网技术，并获取和分析电子商务数据。如果一位 B2B 软件供应商想了解竞争对手的客户，那么他首先需要一份客户名单。Builtwith 可以根据需求提供该名单，但需要收取一定的费用。

- 推特（现更名为：X）

推特是跟踪竞争对手关键成员或一般公司进展及更新的

一个很好的渠道。

## 使用领英

鉴于领英上的丰富信息，我认为有必要做一个更深入的研究，了解我们能从这个平台上得到哪些有价值的信息。例如，领导要求你查看某公司的时间快照，假定某公司名为“Quotidian Research”。

Quotidian Research 已成为你的公司的一个潜在的并购目标。公司领导层要求你查看其董事会、领导团队和组织设计。那么你能从公开信息中找到什么?

我总是建议，为了使你的工作尽可能简单，先摘“低垂的果实”。那么在这里，什么样的“低垂的果实”(容易获得的数据)可供你快速而稳定地摘取，以便为后续工作打下基础呢?正如杰伊在本章前面提到的，企业网站就是一个很好的起点。从 Quotidian Research 的企业网站上，我们可以查到公司的高管、董事会成员，以及组织多样性的公开信息。

### 公开资料

公开资料为我们的深入研究提供了一些初步的宏观数据，但了解这些数据的背景是很重要的。我们可以将这些人员信息与其他网站上的信息进行交叉对比，查看是否可以进一步充实。现在，让我们深入研究领英上的资料。

从领导层的公开资料中，我们可以判断：

- 高管在该组织内的具体任期；
- 公司之前的招聘趋势；
- 高管在各级职位上的平均任期；
- 高管是否来自同一所学校；
- 高管分享的新闻和文章（拓展新闻、冗余新闻、投资新闻、获奖新闻）。

**职位搜索**

我们可以使用职位搜索来查看职位描述，了解关于组织结构、投资增长领域、处于转型期的领域和工资水平的任何信息。一般而言，在职位搜索过程中，你要寻找的不是正常数据，而是异常数据。

通过职位搜索我们可以清楚地了解有关 Quotidian Research 的组织结构、部分增长领域、其在医疗保健行业的核心垂直领域，以及托管客户群中漏斗顶部问题催生的对新的云收购销售团队的进一步投资。

使用职位搜索功能，我们继续查找免费的领英信息，可以得到总雇用量、Quotidian Research 的高层招聘职位、高层招聘职位所在地、高层招聘职位功能、招聘频率，以及该职位是在过去一天、一周、一个月内或是任何其他时间发布的。

**公司页面**

领英高级用户可以在领英上浏览公司页面。在这里，我们可以获取经常被忽略的优质信息，比如：

- 组织总人数及半年或年度增长率；
- 职员的平均任期；
- 按雇用分类划分的增长、下降以及雇员分布情况；
- 按功能分类划分的增长、下降以及雇员分布情况。

我们还可以利用门户网站发布的工作机会，挖掘该组织正在招聘的职位，以了解其任何潜在支点。公司正在招聘的职位是衡量企业未来发展方向的领先指标。

上述信息绝大部分均来自领英免费版，只有公司页面需要付费才能查看。无论是使用领英还是其他任何工具，你都需要积极适应各类工具和平台，因为普通用户在日常工作中往往很少使用其中的功能和数据点。

## 小结

以上是人才情报职能涉及的工作类型概览，我们不应被上述内容所限。这只是一个起点，而非一个终点。我们可将上述工作类型作为一个骨架来扩展，使用位置情报、技能分析、竞争对决卡，并将其汇总至一个有针对性的市场情报产品中。我们可以将情报在线和竞争对决卡与企业销售团队联系起来，制作超强的竞争对决卡和颠覆性的招聘计划。在这一点上，我们只受限于想象力。人才是我们最大的资产，同时也是竞争对手最大的资产。在所有市场、业务线和功能中，缺乏与人才的接触才是最大的威胁。保持开放的心态探索这些领域，将为你的团队提供新的和令人激动的产品。

**作者寄语**

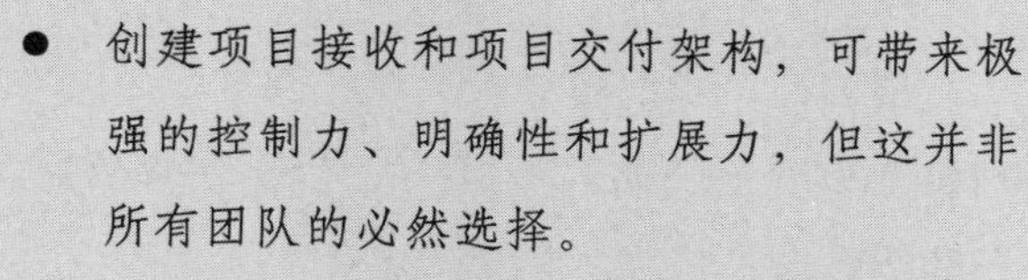

- 创建项目接收和项目交付架构，可带来极强的控制力、明确性和扩展力，但这并非所有团队的必然选择。
- 无论团队的设置和定位如何，你都应清楚关键客户是谁，因为这将使你能够创造出适合客户需求的服务。
- 项目产品的广度巨大，它只受限于我们自己的想象力。
- 市面上存在大量公开可用的数据。在发展过程中，要尽可能早地适应搜索、汇总、理解和批判性评论。

## 项目计划实例

**注意：本例中的数据纯属虚构。**

我们要解决的关键问题是什么?

我们希望在未来 12 个月内将员工人数扩增 900 人，在未来 5 年内扩增 5000 人。我们不知道在当前地点这种扩增是否可行，也不知道潜在的财务影响或我们面临的竞争对手情况。目前我们已经确定了 5 个靠近客户的潜在增长地点。

据估计，我们将对人员增长投资 5 亿美元，对新的基础设施和设备投资 12 亿美元，以实现我们预计的 50 亿美元的业务增长目标。

此项研究成果既能消除决策风险又能确保组织发展。

（1）影响决策所需的关键数据点如下：

现在和将来皆可轻松获得人才；

总加权成本；

劳动力市场的稳定性；

所在地竞争对手的增长。

（2）此阶段的进展需要告知的关键利益相关者如下：

商业领袖；

人力资源经理；

房地产部门；

财务部门。

（3）在此过程中，需要邀请的关键支持团队如下：

金融；

房地产；

财务、税务；

人力资源分析；

人才招募等团队。

（4）项目的保密级别是：

高度机密，仅限于项目团队。

（5）此项研究有何显著影响，成功的衡量标准是什么？

鉴于预估成本为 5 亿美元的员工增长投资和 12 亿美元的新基础设施投资，预计各地业务底线会有 2 亿美元的差异，而空缺时间的缩短和流失率的降低可能会产生 1.5 亿美元的影响。

（6）哪些参数在（或不在）研究范围之内？

**在研究范围之内的参数：**人才供应、技能供应、人才需求、工资成本、总人数成本、竞争对手的组织增长和招聘变化、竞争对手的工资分析、市场流失率、漏斗指标转换率、市场和特定角色的多样性构成、房地产成本、基础设施稳定性、特定地点的税收优惠。在审查远程工作机会时，应覆盖 5 个指定的潜在地点。

**不在研究范围之内的参数：**美国以外的数据点。

（7）交付的时间尺度是什么？

两个月后召开决策审查会议；在整个过程中，将安排每两周一次的信息更新电话会议。

# 第 6 章

# 成功的衡量标准和关键绩效指标

我们现在已经了解了问题陈述和警告信号，以及为满足其需求而开发的产品和服务。对任一商业职能而言，“付出就有收获”的谚语始终适用。因此，我们应衡量推动能力发展的参数，展示与业务相符的影响，以便为成功做好准备。在我们深入探讨衡量标准和关键绩效指标之前，首先应明确什么是衡量标准和关键绩效指标及其必要性，以及如何捕获和衡量的方法。在本章中，我们将主要关注与核心人才情报团队和采购情报活动相关的衡量标准和关键绩效指标。[①]

## 什么是衡量标准和关键绩效指标?

广义上讲，衡量标准和关键绩效指标都是为了实现一个共同的最终目标：跟踪和衡量组织的健康和进步。二者的共同之处仅限于此。

衡量标准是对生产力和流程的常规测量，是一种有行业基准的效率目标。它通常是静态的，按活动或流程组织。

关键绩效指标是聚焦的，是针对战略目标的具体指标，

---

① 非常感谢金·布赖恩（Kim Bryan）和特蕾莎·威克斯（Teresa Wykes）对本章的帮助和支持，你们的洞察力非常宝贵。

用来衡量你在最重要的团队目标和目的方面的进展。关键绩效指标将随着时间的推移而被设定和更新，并且通常遵循SMART方法，即具体的、可衡量的、可接受的、实际的和有时限的。

## 我们为什么需要衡量标准?

乍看之下，这一问题似乎有点多余。因为，每一个角色、每一个团队、每一个职能和每一个组织都有明确的衡量标准和关键绩效指标。本质上，了解和衡量正确的指标将帮助你更快地交付成果、获得商机、赢得信任、开发产品，并将你的方法和服务与其他人才招募团队或数据人才团队的方法和服务区分开来。

建立有效的衡量标准并监测这些衡量标准将使你能够洞察能力发展趋势，预见未来风险，同时评估当前生产效率、速度和质量。借此你可以建立一个清晰的管理信息仪表板，以可重复和一致的方式提交报告。这种仪表板和报告不仅有助于你与利益相关者建立信任，而且可以在操作上与你的团队协同使用，以了解团队的健康状况和能力方面的不足，并讨论异常情况。这种衡量标准上的透明度将使你的团队朝着同一个方向努力。团队成员将知道为何这些衡量标准是重要的，以及其工作是如何与标准保持一致并影响标准的。

正如我们将在本章后面详细讨论的那样，你可能希望跟踪和衡量某些指标（如显著的商业影响价值、完成的项目数量或平均项目时间），但你可能不希望将其作为附带目标的关键绩效指标，因为这可能会驱动错误的行为。

## 我们如何捕捉数据？

人才情报功能发展的这一要素常常被忽略或低估。当你是一个建立人才情报能力的个体时，你想跟踪你的工作量及交付成果是相对容易的。你可以将数据存放在常用之处，知道什么项目处于什么阶段，清楚交付时限，一切皆按计划进行。但这有两个主要缺陷：一是其不具有可扩展性；二是其不太可能具有可审计性和可追踪性，难以形成一致的关键绩效指标和衡量标准。鉴于此，尽早为项目交付和数据点采集建立一个可扩展和可审计的系统和流程是至关重要的。

如今，平台或流程的样式多种多样。一般而言，我喜欢重复使用组织中已有的平台，因为此类平台已通过信息安全检查、采购、入职等流程，几乎不存在进入壁垒。通过现有的候选人关系管理系统或通过项目管理平台运行人才情报工作流程是完全可能的。第 5 章中讨论的工作流程相对简单，可以在大多数系统中应用。你寻求的系统是一个能够通过流程跟踪元素，并允许你导出数据或可进行内置分析或配置仪表板的系统。

通常，明确将要监测跟踪的价值和领域类型，可获得更大的跟踪能力和数据洞察力。如果你们是一个小团队或新团队，每个人都能看到彼此的工作，那么这绝对会让人觉得是多余的。但是，初始期就设置这样的粒度和结构，有助于团队迅速扩大规模，且无须在建设更大的团队时重新设计你的系统、流程和工具。

这些价值和领域大致可分为三类：项目价值和领域、商业价值和领域、运营价值和领域。

## 项目价值和领域

对于项目价值和领域，你可以考虑以下几点。

1. 项目名称

项目名称是什么？所有项目名称应统一格式，以便于为客户提供一致性的成果，也便于客户搜索和检索。

2. 项目描述

我通常建议设置两个项目描述字段：第一个字段包含完整的描述，并且是明确的，用于项目团队查看项目中的细节，而不必深入到完整的项目计划中；第二个字段我称之为“项目概要”，即项目的简短小结，其比先前的项目描述更笼统，提供的细节更少。“项目概要”可以在与利益相关者的沟通中使用，以提供关于项目管道或工作量的概述。

（1）项目负责人

谁是项目所有者及项目如何交付？

（2）项目状态

项目状态可以是：已接收 / 正在进行 / 已交付 / 项目后净推荐值完成 / 搁置 / 取消 / 因范围被拒 / 因能力被拒。

（3）项目开始日期

（4）项目预计交付日期

（5）项目交付日期

设置预计交付日期和交付日期旨在跟踪项目是否超时。你是否能够准确预测工作耗时多久，并考虑缓冲能力？设定时限对与客户建立信任，以及建立未来的团队能力和工作量管理至关重要。

（6）优先级

详见第 5 章中讨论的优先级矩阵。

（7）项目类型

了解正在做的项目类型，分析时间花在了哪里，这很重要。这可以通过位置研究、桌面研究、组织基准、并购情报、文化评估、竞争对手分析等来完成。

（8）保密级别

项目的保密级别是什么？高度机密、仅限于项目组、仅限于人才情报团队、仅限于领导层或是公开。

（9）重要性

详见第 5 章中讨论的优先级矩阵。

（10）紧急性

详见第 5 章中讨论的优先级矩阵。

（11）伙伴团队

你与哪些团队合作？谁是项目的利益相关者？

## 商业价值和领域

对于商业价值和领域，你可以考虑以下几点。

（1）组织

这项工作与哪个组织有关?

（2）项目发起人和客户级别

确定项目发起人和客户级别，对于确保你从事的项目在组织内处于适当的级别是至关重要的。

（3）商业影响价值

你所从事的项目的商业影响价值或投资价值。

（4）核心战略目标

阐明项目如何与你或组织的核心战略目标保持一致。如果项目与核心战略目标不一致，你就应质疑执行项目的必要性。

（5）受影响的总人数

借此深入了解你所从事的项目规模。

（6）受影响员工的平均工资

结合受影响的员工总数，你可计算出新地点和扩张规划等的“员工投资”金额。计算方法为，受影响的员工总数乘以受影响员工的平均工资，它将进一步帮助你了解受影响的工作规模。

（7）范围内的地点数量

范围内的地点数量可展现当前面临的问题的规模和复杂性。你可以将其作为一个数据点，将你的服务与研究公司或咨询公司的服务进行比较，以实现降低成本的目标。

（8）范围内不同工作类别的数量

范围内不同工作类别的数量可展现当前面临的问题的规模和复杂性。

## 运营价值和领域

对于运营价值和领域，你可以考虑如下。

（1）招聘名额

我一直认为，完成一个项目所需的招聘名额可以是个分数值，以反映项目耗时。例如，1.5 意味着一人全职工作，另一人负责项目的 50%。如果你想创建研究公司或咨询公司的基准数据，这一点很重要。

（2）项目支柱

你的工作方向如何与团队保持一致？你专注于咨询、分析、采购情报，还是候选人倾听？即使你的团队是从零开始，即使仅有一名成员，我仍建议创建项目支柱，以了解你的时间用于何处。

在选定的系统中设置参数后，你应尽可能无缝化和自动化各类报告或仪表板分析流程。得益于人为干预和错误的减少，以及实时性的提升，管理信息质量和服务速度都能得到明显提升。同时这也意味着你更有可能加大审查频率，因为在汇总管理信息时涉及的繁重工作将大幅较少。

# 成功的衡量标准是什么？

这是目前人才情报领域内争论最激烈的领域之一。原因有二：第一，这仍然是一个全新的领域，整个行业都没有标准化的基准和成功指标；第二，因为许多人才情报能力和人才情报职能被设置在人才招募等其他职能部门，而这些部门试图给出更大的团队目标和关键绩效指标。这是两个不同的运作机制，自然会产生争论。

为清楚起见，我将把成功的衡量标准和关键绩效指标分成两大类：一类是采购情报的；另一类是人才情报咨询的。在此范围内，我将使用第 3 章中讨论的采购情报和人才情报的定义和解释。值得注意的是，许多人才情报团队正在进行大量的采购情报活动。因此，倘若合适，你也可采用其中的一些指标。

其中最重要的是，你要确保你跟踪的是推动商业影响的要素，而非推动具体活动的要素。例如，“完成的项目数量”就是一个非常简单直接的衡量标准。其本身应该是一个不错的衡量标准，特别是当你将工作与正确的客户级别、定义的显著商业影响、一致的战略目标等紧密联系之时。然而，这一关键绩效指标真正传递给团队成员的信息是，活动数量比影响大小更重要，即完成两个项目比一个好，完成四个比两个好。这将促使团队成员：

- 尽可能快地完成项目，而不是尽可能有影响地和全面地完成项目；
- 寻找易完成的简单项目，甚至是可以在纸面上完成的项目，但其明知这不是真正的战略项目或无法产生更大的影响；
- 寻求同时运行过多项目，以增加总的项目交付数量，并可能因疲于应付而低标准交付。

在整个过程中，有一句格言值得铭记：关键绩效指标将推动团队行为。无论你设定什么样的关键绩效指标，它都是团队精力、努力和结果的驱动因素。这有可能带来巨大的好处。但如果考虑不周，它也会产生副作用。

## 采购情报

根据设计，采购情报自然与采购和招聘非常接近。事实上，你会经常看到采购情报被看作是采购或招聘职能的倍增机制。因此，很多采购情报团队的成功衡量标准和关键绩效指标直接与采购和招聘的目标相一致。

一些常见的衡量标准包括：

- 受影响的请购单总数；
- 产生的候选人总数；
- 已安置的总人数；
- 交付的研究文章总数。

这些可能是很好的关键绩效指标，可以为你的工作和潜在的影响提供一个清晰的视野，并为团队发展提供明确的路线。

然而，所有这些关键绩效指标（请购单/候选人/安置总数）的主要困难是定义和系统。通常情况下，我们会被细微的差别所困扰，并陷入杂乱中。你说的“受影响”是什么意思？产生的候选人意味着什么？针对新系统而言或是针对新的请购单而言？如果是一个重新出现或复活的候选人呢？如果他们在请购单上是不活跃的，被遗漏了呢？

你也将面临与你的客户群发生积极冲突的风险，因为你们各自的关键绩效指标可能不一致。例如，如果一个采购团队的任务是发掘和产生候选人，在这一过程中，你为他们的工作提供了支持。但他们会强调是你找到了候选人吗？或者，他们会寻求推动自己的候选人渠道，以实现自己的关键绩效指标吗？请记住，关键绩效指标驱动行为。

追踪安置和采购候选人的任务对大多数采购团队而言已属不易，因为候选人的资料重复、系统重复、请购单重复，以及候选人不在平台的控制之下。如果你被赋予了上述目标，就要准备投入大量的资源来跟踪、监测和审计所有的工作和相关的安排。

其他成功衡量标准和关键绩效指标如下：

- 平均净推荐值（NPS）或客户满意度得分；
- 成本规避与研究公司；
- 为客户节省时间（以及节省的相关成本）；
- 重复业务；
- 减少招聘营销费用；
- 节省代理费成本；
- 缩短雇用时间/减少空缺时间；
- 关闭历史请购单。

针对所有的关键绩效指标和衡量标准，请思考你想推动的行为，并在你衡量的内容方面保持时间、质量和成本的三位一体：你是如何节约时间的？你是如何改进或衡量质量的？你是如何减少成本或增加价值的？

## 人才情报咨询

针对人才情报咨询，我建议设置运营关键绩效指标用于了解这项职能的表现，并设置实际的团队目标，且二者应是一致的。当然并非所有你跟踪的项目都需要成为一个关键绩效指标。如果你有交易性的关键绩效指标，你就会有交易性的行为。

我认为你应该通过运营关键绩效指标来了解团队的运作情况。比如，已有的机制是否有效？有哪些经常性的问题或瓶颈？

## 衡量标准

我通常创建的管理信息仪表板的衡量标准如下：

- 项目是否超时（是否按时交付？）；
- 完成时间；
- 项目总数、与战略目标、具体业务部门或职能相一致的项目数、因能力问题被拒的项目数、按客户级别划分的项目数或按项目发起人级别划分的项目数；
- 来自项目后的反馈会议，比如团队沟通、交付的及时性、研究的准确性。

你可以考虑的其他成功衡量标准和关键绩效指标，还可能包括：

- 高级利益相关者的重复请求、回头客的数量；
- 清晰的企业财务影响；
- 规避的成本（相对于研究公司、外部合作伙伴和咨询费率）；
- 客户扩展（新客户群中的项目数量）；

- 层级项目（组织内目标层次的项目数量）；
- 研究中的员工投资。

正如前面所讨论的，你应该寻求建立仪表板跟踪和报告机制，并尽可能使其自动化和实时化，以便在任何时候为任何需要的沟通提供成功衡量标准和关键绩效指标报告。

# 沟通机制

建立了用以跟踪和捕捉对你的成长目标、职能目标和组织目标很重要的成功衡量标准和关键绩效指标后，接下来，你应考虑如何将结果反馈给客户 / 利益相关者。这通常有两个主要因素：一个是整体的沟通策略，另一个是更有针对性的业务审查过程。在本节中，我们将进行详细讨论。

## 沟通策略

在人才情报团队中，制定一个沟通策略起初听起来很奇怪，但我认为这可以说是大多数团队错过的最大机会。如果你的人才情报团队的任务是在正确的时间用正确的市场数据、分析和情报支持你的客户团队，以推动有影响力的战略决策，那么你的沟通策略将通过为利益相关者提供有效沟通、内部协作和组织工作，助力团队实现其任务和目标。

沟通策略可分为两类：内部沟通，重点是人才情报团队内部的沟通；外部沟通，重点是人才情报团队以外具有市场意识的任何利益相关者。

## 内部沟通

你的内部沟通策略应以人才情报团队为目标，关注业务和报告的节奏，以确保团队的流程是有序的。这意味着你要确保所有的会议节奏和议程都是最新的，以及要对照组织要求审查报告机制，并在需要时进行调整。所有业务审查的所有权就在这种内部沟通之中，但重要的是这要与其他合作伙伴组织的业务审查相联系，以确保人才情报团队和你的工作在你的利益相关者和合作伙伴中得到体现。

## 外部沟通

外部沟通策略应以客户和合作伙伴为目标，具体包括以下内容：

- 在有效和一致的基础上向高级领导人报告和沟通。这包括确定正确的利益相关者来接收你的沟通信函，以及创建和发送有针对性的信函。此外，劳动力市场趋势应定期发送，可以是每月一次，也可以是每两个月一次。你应将跟踪方法落实到位，并利用这些方法来确保所有内容均已正确接收；应根据跟踪结果进行调整。外部沟通策略还应包括一个宣传活动。这个活动可以用来提高领导层对你的职能部门所做工作和所拥有的能力的认识，并以完成更多项目和开发更多客户为目标。
- 外部沟通包括信函。信函可按月发送，你应为利益相关者提供关于团队的最新信息、任何有用的信息、任何培训或活动信息等。信函应根据一个有针对性的利益相关者名单发送，并在需要时进行监测和更新。

## 业务回顾

业务回顾是一个常见机制，用于向你的利益相关者群体传达任何关于职能健康状况的更新信息。选择以每周业务回顾、每月业务回顾、每季度业务回顾或每年业务回顾中的哪一种方式进行，这取决于你的业务节奏。但我强烈建议，如果你的业务节奏是以季度和年为单位的，你就应在每个季度内另设一个额外的沟通机制。

## 什么是业务回顾，应包括什么？

业务回顾是一个会议（或至少是一封标准化的电子邮件，但我推荐会议），你和你的合作伙伴与你的客户会面，讨论业务，总结回顾，展望未来，寻找可改进之处，研究路线图，探讨在下一个周期（周、月、季度或年）增加价值的方法。

需要被列入的议程项目包括：

- 执行摘要；
- 目标更新；
- 项目亮点；
- 不足和教训；
- 战略障碍和挑战；
- 路线图和前进方向。

业务回顾益处良多，可提供一个对优先事项和目标进行审查、协调和调整的机会。企业发展迅速，目标往往会不断变化和调整。通过业务回顾，你可确保所有人的目标保持一致。同样，业务回顾也是一个绝佳的机会，让你对与客户（内部或外部）的伙伴关系有一个战略性的看法。我们很容易被日常活动所牵绊，而忽略战略伙伴关系。你可利用业务回顾这一机会，确保各方处于适当的工作水平之上，同时也可建立和加强彼此之间的信任。

定期的面对面交流、定期的沟通节奏，以及透明的业务回顾过程，都是与核心客户群建立关系和信任的绝佳机制。业务回顾也是捕捉客户对项目的反馈的好方法，为客户提出任何话题创造了机会，增强了双方关系的个性化，确保了高质量的客户倾听。

如果你正在运行一个以季度为单位的业务回顾周期，那么我建议加入更多的定期非正式检查，以确认工作的优先次序和工作量的调整。同时，你应创建一个定期沟通机制，每月更新利益相关者的项目交付和其他相关信息，以增加与客户群的接触点。这一月度沟通机制既可通报客户相关信息又可与客户在季度业务回顾会议的间隔期保持沟通。它很快便可发展成一个完整的沟通路线图和沟通管理战略。

## 小结

在本章中，我们提到了多个版本的成功衡量标准和关键绩效指标。但其核心对于你、你的团队、你的职能部门和你的组织而言，应该是非常个性化的。

你需要确保建立跟踪和监测客户关心事项的衡量标准和

关键绩效指标，以此挑战并推动你希望在整个团队中看到的行为。请记住，一旦确定目标，调整了关键绩效指标，你就获得了方向和授权，就可以果断确定优先次序，让工作内容与目标保持一致，确保人才情报功能在正确的方向上发展。

从沟通角度来看，你应保持主动性，积极向企业领导汇报项目的成功之处，为企业提供其所需信息，让企业成为你的啦啦队和技术布道者。你要认清面临的挑战，不避讳谈论失败案例，系统总结经验教训。优秀的沟通策略，可以提供加强关系、赢得信任和推动业务向新领域发展的机会。正如本书之前章节所讨论的，清晰的人才情报品牌及品牌定位有助于你取得成功。

**作者寄语**

- 明确你想通过衡量标准、目标和关键绩效指标实现什么。你设定的标准和方向，将指引团队的方向、推动团队的活动。
- 对于不同的团队，成功的含义可能大相径庭，但其并无对错之分，而是与你和你的组织的背景有关。
- 成功往往不易被领导层或利益相关者发现。因此，你要积极且周密地考虑如何与利益相关者沟通，并在团队中增强这种沟通能力。

# 第7章

# 人才情报职能在组织内的位置

在第 17 章，我们将更详细地讨论人才情报的职能、行业及其结构的潜在未来状态。在本章，我们主要探讨其当前状态以及人们正在采用的各种选项和模式。

过去几年间，人才情报职能在组织内的位置一直是整个行业领域最热门的讨论话题之一。在 2021 年的人才情报社区基准调查中，超过 50% 的现有人才情报职能部门称其向人才招募职能报告，但其中只有 22% 的人才情报职能部门认同这一报告机制。值得关注的是，当受访者被问及他们心目中人才情报职能部门理想的报告对象为何时，统计结果如下：人才招募、集中情报、人力资源战略等职能均获得 18%~22% 的投票，其余投票则分布在人力资源分析职能或高级人才寻访职能中。

我认为，争论的主要原因在于人才情报职能设计的巨大差异，各人才情报团队拥有差异化的技能、职权范围和期望的未来状态。这在一个处于起步阶段的行业中是可以预见的。因此，了解职能内的潜在背景很有必要。

让我们首先了解一个最常见的场景：人才招募职能下的人才情报。

# 人才招募职能下的人才情报

如前所述，这是很多职能部门自然选择的出发点，因其希望利用采购情报对采购和招聘活动施加初步影响。从产品知识和专业知识来看，人才招募（Talent Acquisition）与人才情报有一种自然的亲和力，二者有大量的交叉区域。正如我们将在第 11 章和第 12 章中讨论的那样，人才情报技能往往可以与人才招募技能产生共鸣。这两种职能绝对可以互相提供职业发展的机会。

如果将人才情报设置于人才招募职能之下，且应用第 6 章中讨论的关键绩效指标和目标，你就应明确如何调整人才情报的“入市”机制。“入市”机制是用来接触客户群的机制，并确保对即将到来的工作有一个明确的需求信号，同时也确保对已完成的项目和反馈有一个明确的客户路线。“入市”机制之所以如此重要，是因为人才招募通常侧重于当前和近期招聘需求的中短期交付。“入市”虽然重要，但如果它是你的战略人才情报工作的唯一需求信号，就很可能会给你带来损失。“入市”过程可能只会延续到未来的一两个季度，这段时间对于采购情报而言非常有用，但对于人才情报而言，却过于短暂。

这并不是说没有人才招募团队以战略的方式关注未来的劳动力规划。当然有，而且在这些团队中，人才情报的加入将会有很大的好处。同样重要的是，你要确保人才招募团队在工作中能紧密配合，无论是作为职能部门、客户或是合作伙伴，招聘专员每天都在捕捉每个电话中的主要情报，这些情报可以回流，并由人才情报部门进行扩展和汇总。人才招募的声音绝对是至关重要的，你要尽可能多地把它纳入到工作中去，以便对现场发生的情况有一个真实的了解。

无论是着眼于未来地点的可行性、增长规划、DEI 采购的可行性，还是未来的人才缺口，人才招募对于人才情报团队的产出、服务等诸多要素具有重要意义。将人才情报设置于人才招募职能之下，可使你更加接近市场客户。

## 人力资源分析职能下的人才情报

人力资源分析是任何人才情报职能的一个强大的归宿。在过去几年里，人力资源分析团队一直在迅速发展其面向外部劳动力市场的产品，增强其对于外部劳动力市场的可见性。通过内部衡量标准测试、目标可行性分析、人力资源战略可行性评估，人才情报可助力人力资源分析职能设定产出背景。

将人才情报设置于人力资源分析职能之下的益处良多。如前所述，了解现有报告或目标设定的背景，对任何人力资源组织都极具价值。这种全局观有助于更快、更准、更可行地设定目标，并将使人力资源领导层能与企业领导层进行更有力、更可信的对话。这一点在这个高度动荡和不确定的劳动力市场中尤为难得。

在大多数组织中，人力资源分析已经有了非常明确的客户路线，被安排在组织的战略层级，可以为任何人才情报职能提供与关键战略决策客户接触的即时途径。这是人才情报团队与其他职能结合的一个奇妙的副产品，可快速跟踪该职能的发展、投资和影响。

此外，加入人力资源分析职能，人才情报团队可以更好地调整技术平台，寻求更清晰的数据管理和工程架构，在数据集上呈现更大的清晰度和一致性，使你的人才情报职能拥有一个真正有影响力的整体视图。你可参考以下几点，以提高业务效率：

● 我们是否能够通过更准确地覆盖竞争对手需求、外部候选人情绪分析，或因市场波动导致的外部薪酬基准变化，来预测潜在的流失率问题？

● 我们能否通过查看季节性工作或小时工工作的初始预测数据、渠道转换衡量标准、渠道健康状况，并结合竞争对手招聘、工资浮动，甚至天气预测数据等外部条件，来评估我们有无可能达到初始预测水平？

● 我们的多样性目标在市场上是否都是可行的？或者考虑到外部情况的多样性，我们是否有机会改进它？

● 我们是否有适当的控制措施和组织层级？与我们的竞争对手相比如何？

然而，挑战同样存在。正如我们在第 8 章中要讨论的，人力资源分析和人才情报职能的成熟度曲线并不总是一致的，两者之间可能存在摩擦。这两项职能的技能组合（详见第 11 章）可能有很大不同。根据领导层级、发展方向和愿景目标，二者可能高度互补，也可能互为挑战。

在整个人力资源领域，有一些问题和挑战可通过使用外部劳动力市场信息予以解决。这正是人才情报的价值所在。通过将人才情报设置于人力资源分析职能之下，可最大化此项价值。

## 将人才情报设置于高级人才寻访职能之下

掌握了人才情报的含义及相关背景之后，我们再进一步了解人才情报的发展现状。以下几个问题可引导我们的思考：为何人才情报出现的时间并不长？为何当前人才情报开始加速发展？人才情报领域有新功能出现吗？还是只是对原有能力的重塑？

我们在高级人才寻访职能之下创建了多支人才情报团队。这主要基于两点原因：第一，组织层级和客户群层级；第二，外部寻访在高级人才寻访职能中有其自然的归宿。

从客户群角度来看，高级人才寻访与企业内部的高层领导联系紧密，这些领导人经常向其信任的顾问寻求建议和答案。这为高级人才寻访中的人才情报能力或人才情报职能提供了一个即时的市场和客户群基础。

多年来，在高级人才寻访中，高水平的竞争对手情报、市场行业情报和组织设计一直是其核心交付产品。这意味着，以高级人才寻访的产品为基础，进而扩展至更广泛的人才情报产品，是一个相对容易的转折点。

这两项职能所需的技能非常一致（详见第11章），均需要高度咨询型的解决问题技能，但人才情报往往更多地关注原始数据和数据分析。

高级人才寻访与人才情报的这种结盟带来一些挑战。高级人才寻访及相关研究关注的是个体和微观层面，在研究市场地图绘制、组织设计和并购战略时，均以个体及个体间的关系为主要目标。这意味着，高级人才寻访及相关研究可能没有系统、流程或工具，来观察人才情报所需的宏观数据。但这个问题容易解决，方法之一是在高级人才寻访职能内设立一个完全独立的人才情报子团队。此方法可为你构建客户利益关系，同时允许你建立一个专门的人才情报职能。

## 将人才情报设置于战略劳动力规划职能之下

战略劳动力规划是一个从战略上审视和分析组织的当前状态和未来状态的流程，它不仅能识别现有差距，还可为组织提供干预措施和解决方案（通常是通过人才管理），以达到理想的未来状态。运营性的劳动力规划通常由人力资源部门内现有的活动和角色来完成，并且它专注于短期到中期的劳动力规划，而战略劳动力规划则是一项专门职能，旨在展望更远的未来。

无论是作为人才情报的客户还是作为一项职能，战略劳动力规划都是人才情报的天然合作伙伴。就其本质而言，战略劳动力规划的流程中设有一个时间框架、一个客户群和一个与人才情报紧密相关的重要战略机制。默认情况下，你看到的是具有高度战略性的规划和决策。因此，人才情报与这一流程合作，并利用外部劳动力市场情报来丰富这一流程，是非常有价值的。

## 将人才情报设置于集中情报职能之下

目前比较流行的理论之一是将人才情报设置于集中情报职能之下。但这到底意味着什么？集中情报是一个概念性职能，其将整个组织的专业知识纳入一个中央团队。集中情报执行集中式数据策略，将数据集中到中央数据湖中，而非分散至企业的各个独立的数据池中。这种集中式数据策略催生了新的泛孤岛式思维。尽管数据集中化已流行起来，并且正被越来越多的公司接受，但洞察力和情报在很大程度上仍呈分散之势，可操作的洞察力产品往往在更接近业务之处交付。

现在，尽管拥有真正的集中情报职能在大多数组织中仍是一个梦想，但已有一些前进的路径正在显现。

据我所知，目前尚无任何人才情报设置于集中情报职能之下，但正如人才情报社区基准调查所示，约有 20% 的受访者希望这一梦想成真。我们将在第 17 章中，围绕集中情报潜在的未来状态模型，深入探讨这一问题。本章中，让我们进一步探索其当下状态。

### 在集中情报中需要考虑什么？

虽然人才情报作为一种职能，还未在组织内的其他情报职能中找到归宿，但人才情报作为一种活动肯定有其所属。无论是在竞争对手情报、市场情报中，还是在商业情报中，我们都可以看到许多这样的例子：团队正在建立劳动力市场情报功能，但不了解“人才情报”这一概念。

针对相关情报术语，笔者的说明如下：

- 竞争对手情报是企业收集、分析和获取其竞争对手情报的结果，主要来自竞争对手的行业、足迹、竞品和服务信息。
- 市场情报与竞争对手情报非常相似，但并非以竞争对手为首要目标，而是在市场的驱动下，收集和分析与企业市场相关的所有情报，包括客户趋势、竞争对手和客户监测信息。
- 市场情报，多指初级市场研究，但通常以特定业务部门、产品线和产品发布为目标。
- 商业情报是一个更广泛的术语，通常包括所有技术、流程、数据工程、数据仓库、数据挖掘和分析、性能基准和数据可视化，其有助于组织做出更好的决策。

如今，我们正在见证一个百年不遇的人才缺口。组织领导层通过其值得信赖的顾问去了解市场情况。值得信赖的顾问可以是一个市场情报团队，提供市场上人才流动和人才热点情报，也可以是一个竞争对手情报团队，提供竞争对手洞察及人才培养手段（组织设计、薪酬福利、远程工作政策等）。这感觉很像人才情报的职能，不是吗？如果未设置人才情报职能，或缺失人才情报能力，那么其他职能团队也将尽其所能为领导层提供情报。

## 情报节奏

上述情报与传统人才情报最大的区别之一是工作节奏。

大多数其他情报职能都是围绕着正在进行的计划性工作而设计，旨在以标准化和结构化的方式定期提供信息。这与人才情报形成了鲜明对比，人才情报通常围绕基于项目的工作挖掘信息。正如我们在第 5 章中所讨论的那样，情报在线是一种获取人才情报的程序化方法，可针对特定的竞争对手群体开展永久性的情报工作。情报在线与竞争对手情报，尤其是与市场情报是天然盟友。将竞争对手情报和市场情报与针对性的人才情报结合起来，就能对“发生了什么”以及“为什么会发生”有一个全面的认识。

另外，在目标和方向层面，如果你希望有一个聚集战略的人才情报职能，那么上述结合往往可以发挥作用。市场情报或竞争对手情报的常见目标包括：

- 扩大现有的市场份额；
- 强化企业品牌；
- 提升整体品牌知名度；
- 确定要进入的潜在市场；
- 看清市场差距，并开发新的产品系列以弥补差距。

人才情报既可以与这些目标紧密地结合起来，也可以在整个人才领域反映这些目标。比如：

- 增长现有的人才市场份额（并非总数的增加，而是份额的增长）。

- 强化雇主品牌。使用候选人倾听、情绪分析等方法来确认品牌定位，并与招聘营销部门合作，确保雇主的价值主张的一致性。

- 提升整体人才品牌知名度。目标人才群体对品牌有何看法？是否可以组织焦点小组或进行初级研究，来进一步探索这一问题？
- 确定要进入的潜在人才市场。相对于你的足迹，你的技能基础是什么？如果你想转向远程办公或转向现地办公，会有什么机会？
- 看清市场差距，并开发新的产品系列弥补差距。候选人期待从工作中得到什么？他们的目标是什么，如何配合？竞争对手是如何招聘的？是通过调整其技能组合、地理分布，还是其产品供应？

总之，在现有的情报职能中加入人才情报职能，有很多积极意义。数据分析技能与数据搜索技能非常相似（详见第11章），存在一条通向内部利益相关者的清晰而结构化的路径，内部利益相关者有助于加速职能的发展。

## 小结

无论你的职能为何，其皆无法限制你的能力范围或潜在影响。你要清楚地了解客户及其需求，以及最适合客户的路径，并了解你希望注入人才情报职能的组织中的决策机制。你要从产出和结果向前倒推，看清所期望的未来状态如何，通过反向思考，确保一切皆与职能的未来目标相一致。如果你的组织、职能或团队未保持一致，你就需要停下前进的脚步，评估这一未来状态或共同目标是否有误。若未发现错误，你则应明确如何沟通以实现一致性，并减轻其可能带来的任何未来风险。

**作者寄语**

- 你可能无法控制人才情报职能的位置，但应清楚地了解其所在之处的优势、风险和机会。
- 不要被限制于一处。我们身边到处都是希望合作、支持和协作的职能部门。
- 没有什么是固定不变的。团队在不断发展，产品在日益成熟，职能在持续调整。今天创建的任何人才情报职能，在5年后都不可能有同样的“归宿”，更遑论10年之后了。
- 再次重申：无论你的职能为何，其皆无法限制你的能力范围或潜在影响。你要大胆、勇敢，突破极限。

# 第8章 人才情报成熟度模型

在本章中，我们将探讨人才情报成熟度模型，了解人才情报创建之初的杂乱，了解如何成为值得信赖的顾问，了解人才情报职能或人才情报产品的成熟状态是何模样。在全面深入探讨这一模型之前，有两个方面尤其值得我们思考：创建之初的杂乱和成为值得信赖的顾问的路线图。

## 多面手

在创建人才情报能力的最初几天、几周或几个月内，你经常会处于一种杂乱状态。你恨不得长出三头六臂，既当造飞机的工程师，又当开飞机的飞行员。你在完成工作的同时，还要设定使命、愿景、目标、系统、流程、工具、技能差距、产品供应、客户群等。客户期待着你的新概念和新产品，迫不及待地想与你合作。

客户需求很高，但客户之前未必与人才情报团队有过合作，所以你还要花费很多时间教育利益相关者，回答他们提出的问题，比如：

- 什么是人才情报？
- 人才情报是如何与其他职能协调一致的？如何衡量影响？
- 人才情报如何帮助解决我的问题？

同样，你还需要对以下事项设定期望值：

- 人才情报不是什么；
- 人才情报不做什么；
- 什么样的时间框架是现实的；
- 在任何一个时刻，什么是可控的工作负载。

事先声明，并不存在一个可以立即给出所有的答案的隐藏的真相来源和未知的数据来源。

在创建之初，感觉自己力不从心是非常正常的。这时你精力分散，在任何领域都无法完成任务。你能看到那么多的机会和需求，但就是无法全部对接。这一阶段的你是一个“多面手”，必须投入到与人才情报相关的所有事务中。切记以下两点：

记住“多面手”的真正含义。我们经常会把“多面手”与“不专”、“不精”等负面含义联系在一起。它经常被用来指一个人涉猎多种技能，而不是通过专注于一种技能来获得专业知识。但重要的是，你要记住这句完整的谚语：“多面手涉猎广，往往胜过只精通一个领域的专才。”不要惧怕这段艰难的时期，与人才情报职能发展过程的任何其他时期相比，这时的你走得更快，学得更多，产品开发得更有效率。事情可能不会像专家构建基础设施、数据工程、数据可视化那样稳健，但你会找到前进的道路，并为今后更稳健地前行打下坚实的基础。

不要慌张。创建之初的震荡是正常的，事实上，它是“形成—震荡—规范—执行”模式中的一环。随着职能规模的扩大和成熟，你就会迎来稳定发展的阶段。

## 值得信赖的顾问

“值得信赖的顾问”是指被视为核心战略合作伙伴的个人、团队或公司，而非支持团队或供应商。值得信赖的顾问将参与所有核心战略决策的讨论，并主动提供咨询意见，而非被动参与讨论。可以说，成为值得信赖的顾问没有捷径可走，因为其核心是信任，而信任是通过长期合作建立起来的。不过，我还是建议你沿着一条结构化路径前行，以了解距离实现这一目标还有多远。

我认为，有四种主要的发展路径将使你成为一名值得信赖的人才情报顾问。

路径概览如图 8.1 所示。

全球人才情报

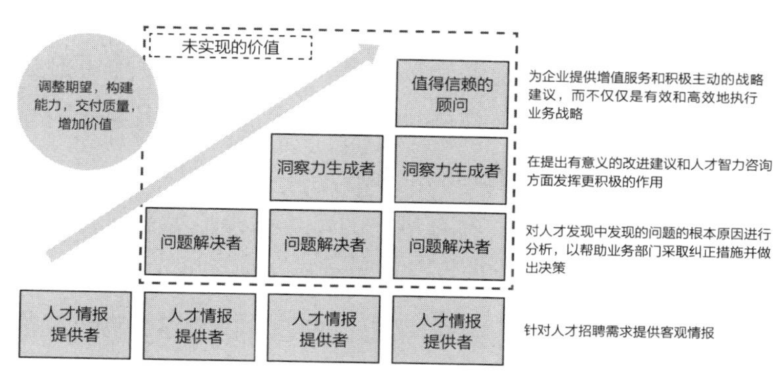


图 8.1　成为值得信赖的顾问的路径：提供者 > 问题解决者 > 洞察力生成者 > 值得信赖的顾问

人才情报尚未实现的价值就存在于“提供者”与“值得信赖的顾问”之间。如果你还停留在“提供者”的交付机制上，那么即使你在规模上有所建树，也仍未充分利用人才情报能力。在沿着信任链向前发展的过程中，你必须确保以下几点：

- 随着产品的不断变化，与所有利益相关者统一预期。
- 确保在团队中持续培养技能和能力，以便更上一层楼。
- 确保工作保持高质量。这是确保信任得以维持并继续发展的关键因素。
- 提高工作价值。这听起来似乎路人皆知，其重点，你要严格排定优先次序，以确保真正把重心放在高价值和高影响的工作之上。

让我们继续深入研究。

## 人才情报提供者

人才情报提供者（提供者）负责交付客户所需的客观情报，处于人才招聘和采购情报层级。这一层级的工作可能会有明确界定的项目，大部分工作都将在一个团队内完成或与一个客户相关。其职责可能是配合人才情报项目的交付。这类工作似乎简单直接，具有最小的可见风险或障碍，但复杂之处在于如何实施。工作目标是明确的（似乎并不复杂），但如何完成这项工作却不明确。“提供者”阶段将定义需求、推动进展、识别障碍，并增加问题的可见性。

提供者的工作具有一定的影响力，将影响团队目标和项目成功的衡量标准。

## 人才情报问题解决者

人才情报问题解决者（问题解决者）将对人才情报中发现的问题进行分析，找出根本原因，以帮助相关业务领域采取纠正措施和做出决策。无论是从公司角度还是供应商的角度来看，问题解决者同样可以服务于单一客户或单一利益相关者，但它通常是跨团队工作。问题解决者将对客户的人才情报职能、路线图优先事项和决策带来影响。虽然人才情报战略可能已经确定，但更广泛的业务问题和解决方案可能尚未确定。

问题解决者负责战术性工作，解决棘手问题或参与跨职能的人才情报项目。此类工作具有明显的风险或障碍，需要较高的技能和大量的投入才能完成。问题解决者将确定人才情报需求，推动团队和合作伙伴实现目标；将助力领导层及时做出正确决策，以加快项目进程；将发现风险，提出问题，清除障碍，逐步推进。

问题解决者的工作具有一定的影响力，涉及多个团队目标以及与计划相关的衡量标准，可对一个国家或地区的业务产生影响。

## 人才情报洞察力生成者

人才情报洞察力生成者（洞察力生成者）以更积极主动的姿态提出有意义的改进建议，并具备人才情报顾问的能力。通常，洞察力生成者为组织内的副总裁级领导提供服务，可对人才细分市场、劳动力情报决策等产生影响。洞察力生成者的业务范围和人才情报战略可能尚未定义。洞察力生成者的交付，是在有限的指导下独立完成的。

此阶段的工作既是战术性的，也是战略性的。洞察力生成者将负责一个大型人才情报项目或客户，管理复杂项目的整个生命周期。复杂项目具有明显的风险、障碍和限制。

洞察力生成者的工作将产生重大影响，其不断校准目标，并服务于组织目标和项目衡量标准。根据客户足迹，洞察力生成者可能会产生跨地区的影响。

## 值得信赖的人才情报顾问

值得信赖的人才情报顾问（可信顾问）为企业提供增值服务和前瞻性战略建议，而非仅限于有效执行企业战略。可信顾问的业务范围和劳动力情报战略可能尚未被定义。很可能在顾问工作开始之前，可信顾问甚至不知道将要处理哪一类问题。这种可信顾问关系有助于找到解决问题的思路。可信顾问将在整个组织范围内开展工作，并将带来广泛的战略人才情报影响，使团队和职能朝着简单、一致的方向发展。可信顾问将积极推动利益相关者和客户情报成熟度的发展。

可信顾问的工作具有战略性。可信顾问将负责一个大型人才情报项目或客户，管理非常复杂和重要的活动，解决关键或普遍存在的问题。非常复杂的活动中有可见和潜在的风险、障碍、限制，以及许多冲突（即一个问题的解决会与另一个问题的解决产生冲突）。这需要利用丰富的专业知识洞察各个角落，做出正确的权衡，并设计出适当简单（不增加复杂性）的解决方案。由于涉及众多利益相关者，采用一致的方法或措施更具挑战，权衡后的结果通常会产生长期影响。

可信顾问需要识别战略和组织结构中的风险和机会，还需要在商业机会、资源、可持续性三者之间做出权衡。

可信顾问的工作将产生重大影响。可信顾问将与多个组织目标、客户目标和项目衡量标准保持一致。根据客户群层级，可信顾问的工作可能会产生全球性的影响。

## 整体职能成熟度模型

有许多成熟度模型与人才情报模型交叉重叠，也与上述值得信赖的顾问遵循相同的原则。

鉴于对数据的频繁使用，我们最经常看到的是，一个行业内通用的标准数据成熟度模型（不要与在第 5 章中讨论的数据可信度模型混淆）。尽管在过去 20 年间持续发展变化，但标准数据成熟度模型通常具有以下类似的核心特征：

- 手动报告——发生了什么？通常是通过大量人工干预创建的一次性报告。几乎不做任何分析，预计其中会出现大量定制信息和人为错误。

- 自动报告——发生了什么？我们如何才能在没有过多人工干预的情况下找出答案？随着报告和相关问题（及分析）的标准化，自动报告将节省时间、提升能力和一致性，并允许进行一定程度的分析。

- 仪表板——正在发生什么？更接近实时的数据访问、更简洁的数据工程和存储系统，旨在形成一个单一的真相来源。
- 预测——将发生什么？有了简洁一致的数据集和结构化数据工程，我们终于可以开始更有信心地进行准确预测了。
- 预报——会发生什么我们并不期待的事情？在数据成熟度模型的这一阶段，得益于数据集的规模和清晰度，你可以真正利用机器学习、自然语言处理、自动决策支持等技术突破界限。

与数据成熟度模型并行的，通常还有一个广泛的分析成熟度模型，后者寻求尽可能多地向最终客户提供可操作数据。这通常是通过数据产品和自助服务实现的。大量人工干预阶段的一对一关系，转变为仪表板实时分析下的一对多关系。下一步讨论的重点是，“一对所有”能否成为在组织中实现数据透明的最终状态。

我们在人力资源分析领域看到了这一现象，见证了强大的技术成熟度、强大的产品和自助服务文化的形成。这为客户提供了一个非常强大的途径。客户分析成熟度模型能在整个组织内实现并得到拓展。在过去几年中，我们看到了人力资源分析团队的复兴，尽管一些特定产品的推出并不尽如人意。为了解决这一问题，人力资源分析团队在项目周期的前端加强了客户管理和咨询机制，以确保与客户保持紧密联系，并开发出符合目标的工具。

## 混乱的扩展

人力资源分析能够不断扩展并走向成熟的原因之一，是其所分析数据的性质。这些数据通常非常结构化，而且来自各自的数据生态系统，因此可控程度高，数据模糊度低。它们可以标准化衡量标准和关键绩效指标，统一术语，明确分类。

对于人才情报，我们面临的困境略有不同。外部劳动力市场数据往往更加混乱和无序。供应商、政府数据和内部数据之间的分类往往模糊不清，缺乏一致性。可以说，人才情报的外部环境更加动态，变动因素更多——无论是宏观因素（政治动荡、雇主品牌、税收法规、地方劳动法、贸易政策、自由迁徙权立法或货币法规）还是微观因素（人才供应、人才需求、竞争对手的人才流动或薪酬增长、当地基础设施）。通常，数据背景与数据点本身同样重要，甚至更为重要。

何谓数据背景？

- 场景1：你寻求扩大当前场所的规模。在目标通勤半径内，人才的总需求、供应、成本和市场渗透率看起来不错。从引入的宏观求职者情绪数据来看，一切都对场所扩张有利。从纸面数据来看，这是一个优选地点。但数据中未体现的是，在目标通勤半径内有一条收费公路。它将从根本上减少潜在候选人总量，极大增加扩大当前场所规模的难度。
- 场景2：你正在为潜在的扩张寻找新的场所。在目标通勤半径内，人才总需求、供应和成本数据都不错。这是一个新场所，因此，你没有任何情绪数据，但整体品牌认知度很高。同样，这也应该是一个优选的场所，然而，你进一步考察后发现，所选场所毗邻其他三个已宣布其扩张计划的竞争对手场所。这三个竞争对手都提供丰厚的薪酬和良好的职业发展机会，在业内以“人才磁铁”著称。凭借这条新信息，我们并不能断言在此处不可能扩张成功，但它肯定提供了自动仪表板未显示的背景。

- 场景 3：你正在研究某一特定工程类型的技能发展潜力，并使用仪表板查看其随时间推移的增长和缩减情况。仪表板数据显示，在你关注的地域范围内，该技能正以可持续的速度增长，未发现需要担忧其发展前景的理由。但你没有意识到的是，仪表板数据使用的是国家劳动力统计机构的工程分类标准，该标准包括了所有的科学、技术、工程和数学（STEM）学科，但并未收纳你所研究的特定工程类型。由于你的目标技能过于小众，没有大量的投资是无法持续的。

当然，你也可以在仪表板中加入上述因素。你可以自动汇总有关扩张和未来需求的新闻公告。你可以围绕技能分类建立自动警报，还可以在地图中凸显通勤热点或收费公路。所有这些都是可行的，但我们需要非常清楚客户群和产品的数据成熟度。

劳动力市场数据的混乱意味着，目前通往数据成熟度的路线不一定要符合一对多的战略决策自助服务路线。相反，许多团队正在寻求采用一条更符合“值得信赖的顾问”路线的成熟度曲线。他们期望通过提升在组织中的层级，并与关键决策者合作来影响战略和决策，而非试图在下游减轻错误决策的影响。

# 人才情报成熟度模型

那么，将值得信赖的顾问成熟度模型移植到人才情报领域会是如何呢？接下来，我们将探讨一个潜在的人才情报成熟度模型是如何从基础级水平一直发展至成熟水平的。我们将考虑人才情报职能、工作重点、数据使用、运营模式，以及职能范围内的职业规划。

## 第 1 级：基础级水平

### 职能

在这一初始阶段，模型可能处于反动模式，无工作量需求信号。由于缺乏需求信号，它不易进行职能管理。工作量在很大程度上与任务相关，你对工作和总体战略的整体背景了解有限。

### 工作重点

你的工作重点可能是关注未来 6 个月内的决策工作，以及针对突发情况的深度调查。这是一项极难预测的工作，你很可能随时被派去“救火”。这段时间非常适合与潜在客户进行试探性接触，了解在职能的创建和稳定过程中，客户会关注哪种类型的工作。

### 数据使用

从数据角度来看，你几乎没有数据管理或工程方面的经验。你可能正处于购买工具的早期阶段，利益相关者群体中的数据成熟度很低。

### 运营模式

你很可能尚未设定愿景、使命、关键绩效指标、客户定义、系统或流程，这意味着跟踪、监控和扩展具有挑战性。

### 职业规划

在这一阶段，你很可能要在将人才情报作为一种能力还是作为一种职能之间做出选择。你可能对职业规划感到困惑和不明确，并且没有选定专业方向。

## 第 2 级：战术级水平

### 职能

你开始与客户建立更紧密的联系，获得了更明确的工作需求信号，还利用已建立的运营结构，来明确工作的优先次序。你可能在很大程度上仍在孤立地工作，但会与组织内的其他职能部门（如人力资源、财务、房地产、情报等）进行一些接触，以确保目标的一致性。

### 工作重点

你的工作重点可能是关注未来 12 个月内的决策工作，以及针对意外情况的深度挖掘。这将对决策周期产生更大的影响，但同时也具有很强的战术性。

### 数据使用

你将拥有某种标准化的数据结构和产品。你将了解数据集的局限性。

#### 运营模式

你将拥有自己的愿景、使命、关键绩效指标、客户定义、系统和流程，这意味着跟踪、监控和扩展变得更加可行。

#### 职业规划

职业规划开始变得更加清晰。你将看到团队内部的角色定义和专业分工，但不太可能已完成职业规划。

### 第 3 级：运营级水平

#### 职能

这一阶段，你将拥有非常强大的客户协调和客户管理能力，会接收到清晰的工作需求信号。尽管你正在利用已建立的运营结构来明确工作优先顺序，但由于与客户的紧密联系，你能够更快地完成工作。

#### 工作重点

你的工作重点可能是关注未来 3~18 个月内的决策工作，以及针对意外情况的深度挖掘。这是一项影响整个企业决策的极其重要的工作。你将与核心战略目标保持一致，并与高层领导合作。

#### 数据使用

你将拥有标准化的数据结构和产品。你将了解数据集的局限性，并寻求使用外部和内部的替代数据集来突破局限。

#### 运营模式

得益于强大的系统、流程、工具和关键绩效指标，你可以清晰地阐述显著的商业影响价值。这为你提供了一个环境支持，助你在整个组织和客户群中寻求更快的扩展速度。

**职业规划**

职业规划清晰明了，大部分角色和专业都有结构化的发展路径。

## 第4级：战略级水平

**职能**

你已与客户建立起非常密切的关系，被视为其真正的人才情报合作伙伴。由于工作优先级由领导层与客户群共同确定，已不存在工作负荷方面的问题，你将与组织内的其他职能部门（如人力资源、财务、房地产、情报等）开展越来越多的合作，以确保一致性。

**工作重点**

你的工作重点可能是关注未来3~18个月及18个月以上的决策工作，以及长期愿景和战略调整。这是一项极其重要的工作，会对客户群的长期战略愿景产生影响。

**数据使用**

在了解了数据集的局限性后，你利用更多的外部和内部数据集对其进行了扩充，并开始将数据集扩展到人力资源和人才数据之外，同时关注房地产、基础设施、政治稳定性、经商便利性等信息。

**运营模式**

你拥有非常简洁的流程，可以实现快速扩展，并能灵活应对客户需求和模式变化。

#### 职业规划

职业规划清晰明了，有条不紊。你已成为吸引内部和外部团队人才的人才磁铁。

### 第 5 级：转型级水平

#### 职能

你成为整个组织中值得信赖的人才情报顾问。你建立了一个可集中管理的团队，同时又将其嵌入客户组织之内。能力管理不存在问题。你的目标与长期商业战略保持一致，并能帮助指导和调整这一战略。你能与组织内的其他职能部门（如人力资源、财务、房地产、情报等）保持密切合作，以确保一致性。

#### 工作重点

你的工作重点可能是关注未来 18 个月及以上的长期愿景和战略工作，从根本上审视和发现企业战略、模式、市场和定位中的不足。

#### 数据使用

你拥有简洁一致的数据产品，可提供泛孤岛式整体数据集。数据工程可助你随意扩展，同时提供真正的情景化情报。

#### 运营模式

所有的系统、流程和工具都已就位，共同组成了一台流畅运转的“机器”。

#### 职业规划

你在所有角色和级别上都建立了清晰的发展路径，并被广泛誉为“最佳职业规划”。

## 小结

建立一个新职能，尤其是一个具备高信任度的职能，并非一蹴而就的事。要点在于，快速跟踪其成熟度模型中的元素，并提前达到某些里程碑是可能的。例如，你可实现战略级的数据治理架构，但团队的输出仍然可以是运营级的。

初始阶段，你会觉得精力过于分散、没有目标、缺乏专注力和连贯性。这再正常不过了。此时，你应与客户一起进行“试点”实验，看看哪些工作是可行的、可重复的、可扩展的，并清楚这对能力提出了什么要求。

成熟度模型提供了一些指导原则，但重要的是，你要点亮自己的指路明灯，为职能发展指明方向。这是全新的领域，成熟度模型也可能在岔路口处偏离方向。不要害怕，要勇敢地循着小径去探索未知领域。

**作者寄语**

- “多面手”虽然不专不精，但往往胜过专才。初始阶段，当你不得不为所有利益相关者同时运行多个项目类型时，感到力不从心和杂乱无章是非常正常的。此时，正是进行产品实验和产品创新的好时机。

- 我们一起踏上这段旅程。不同的团队将处于不同的阶段，我们都在路上，还没有人到达终点。
- 你应该把成熟度模型作为一个基本框架，但也要点亮自己的指路明灯，建立自己的专属版本。
- 要成为值得企业领导者信赖的顾问确实很难。信任的建立需要时间、一致性和产出，不是强求得来的。

# 第9章 工具和资源

初涉人才情报世界你可能会感到不知所措。面对数十个新平台、系统、流程和工具，以及分散在网络上的数百个数据源，你该从哪里开始呢？好消息是，你无须感到束手无策，你可以使用许多工具和资源，它们可以助你踏上人才情报之旅。

首先，让我们来看看可以利用的一些内部资源。

## 内部工具和资源

如前所述，人才情报能力通常被设置于人力资源部门的某一职能之下。内部人力资源系统和资源对于任何希望发挥人才情报能力的团队而言都是一座金矿。这包括人力资本管理（HCM）、求职者跟踪系统（ATS）、候选人资源管理（CRM）等，以及其他所有管理薪酬福利、人才管理或人力资源分析的软件。除此之外，你还可以在金融、营销情报、房地产或网络安全等领域找到丰富的数据集。大多数组织都拥有大量数据，但这些数据往往是孤立的，共享性差。现在正是寻求在企业范围内建立关系和桥梁，以便更全面地利用数据的时候。

### 人力资本管理

人力资本管理系统，我们也可以称为人力资源信息系统

（HRIS），是帮助企业更好地管理劳动力的工具。它是一整套应用程序，涵盖招聘、入职、缺勤管理、线上培训、绩效管理、薪资或薪酬等各个方面。如果说人是我们最大的资产，那么人力资本管理就是资产管理系统。其中的数据包括招聘申请日期、入职日期、完成的培训、人才卡信息、绩效考核数据、绩效反馈数据、组织结构、层级、任期、目标、工作类别、地点等。

目前，市面上已存在许多大型人力资本管理供应商，比如工作日（Workday）、甲骨文（Oracle）等。此外，在这个充满活力的市场中，还有许多其他优秀平台。

人力资本管理系统在人才情报方面的优势在于，如果公司充分利用了这些平台，那么从理论上讲，你将获得一个非常清晰的“从申请到离职”的候选人和员工历程。这为整个候选人和员工的生命周期提供了一个独特而全面的视角。但实际情况却很少如此，各种平台产品之间往往存在大量数据摩擦，而且整个产品往往无法与其他“同类最佳”工具进行集成。

尽管如此，利用人力资本管理数据进行人才情报分析的潜力还是巨大的。根据你是否具备人力资源分析能力，我们可以从以下简单的问题入手：

● 大多数优秀员工来自哪些招聘渠道？

● 员工敬业度与流失率或雇用时间有何关联？

● 哪些目标公司的候选人在我们的招聘漏斗中成功率最高？

- 培训率对流失率有何影响？

然后，你可以通过调用外部数据（本章稍后将讨论数据源）来进一步分析，以解决如下的问题：

- 员工敬业度与外部应聘者的情绪有何关联？
- 候选人的认知如何影响我们的招聘漏斗？
- 从人才角度看，我们已经耗尽了多大比例的市场，这对未来的生存能力有何影响？
- 我们的薪酬理念如何影响候选人渠道？这与竞争对手相比如何？
- 组织内部的控制范围对流失率有何影响？这与市场上的常态相比如何？

## 求职者跟踪系统

求职者跟踪系统是满足招聘跟踪需求的专门系统。它通常会被整合到更大的人力资本管理套件中，但许多人才招募团队都希望拥有一个专业的专用求职者跟踪系统，该系统可与更大的人力资本管理保持一致，也可不与人力资本管理整合。

与人力资源管理系统类似，求职者跟踪系统中的数据也非常丰富和有用，可以帮助任何人才情报团队提出一些初步问题，比如：

- 哪些角色的雇用时间最长？
- 哪些地点的雇用时间异常长？
- 我们从哪些公司招聘的成功率高？

- 通过我们的招聘漏斗，我们在哪里可以看到非自然落差？

这些更传统的人才招募分析问题，也可以用人才情报的思维方式来思考。

- 在申请角色的市场上我们有多元化代表吗？
- 竞争对手的招聘策略对我们的人才漏斗有何影响？
- 与市场相比，我们的角色层级对人才吸引和漏斗转换有何影响？
- 我们对候选人的认知如何影响我们的渠道转换？

大多数求职者跟踪系统在设计上都是角色优先，即根据已创建的角色对候选人进行分类和跟踪。这就意味着其通常没有空间容纳投机性的候选人申请，而且在平台上搜索也不是其设计的核心活动。因此，公司通常会寻求同时拥有一个候选人关系管理系统和求职者跟踪系统，以便更有效地跟踪和监控候选人。

## 候选人关系管理

顾名思义，与求职者跟踪系统不同，候选人关系管理的核心是候选人。候选人关系管理的设计目标是招聘漏斗的早期阶段——通常带有很强的招聘营销成分。在应聘者申请特定职位之前的早期阶段，它可用于提高应聘者的认识、兴趣、期望和热情。整个系统都是围绕跟踪和吸引候选人而设计的。如果你的市场是由公司驱动的，申请率很高，广告宣传是主要的招聘来源，那么你可能只需要自动求职系统。但如果你的市场更多是由候选人驱动的，那么你需要做更多的主动搜索、外联和接触工作，并向候选人关系管理寻求支持。

候选人关系管理中的数据与求职者跟踪系统中的数据相辅相成，但也能提供新的见解。你可以考虑以下问题：

- 我们针对竞争对手的候选人的成功率是多少？
- 我们需要与候选人接触多少次，他们才会愿意申请我们的职位？
- 潜在候选人的参与度哪一天最高？

这时，你又可以从人才情报的角度来看待这些数据：

- 公司股价如何影响潜在候选人寻访成功率？
- 如何大规模收集采购情报，并将其用于宏观人才情报？
- 竞争对手的裁员消息如何转化为成功的潜在候选人拓展？

# 外部资源

除了丰富的内部资源和数据源，你还可以从外部获得大量资源。其中有些是经过挑选的，有些是原始数据集，有些来自平台，有些则基于关系和合作伙伴。

这是一个全新领域，目前很少有关于如何协同工作的标准化规定。有鉴于此，请发挥创造力，探索各种资源和关系，以创建适合公司需要的模式。

## 供应商

探索与劳动力市场供应商的外部关系。这包括招聘网站、招聘流程外包公司、研究公司、竞争对手情报公司、咨询机构、招聘公司、人才管理机构，以及薪资提供商，他们都有可能接触到大量的原始数据。这些合作伙伴中的部分或全部可能都在探索开发数据集以及支持客户的方法。同样，这对他们而言很可能还是新事物，他们可能会以客户的身份寻求与你共同创造和开发新方法。

你要公开地表达你的需求，以及他们作为供应商的利益所在。通常，即使他们正在探索这一领域，也可能没有任何机制来促进知识共享。你可以大胆探索各种选项、数据，尝试突破创新。

## 外部平台

当希望发展你的人才情报能力时，你很可能需要用一些外部数据源来增强你的内部数据。对大多数人而言，第一步是研究外部数据聚合平台。

根据平台的不同，你会看到各种不同的选项和模型：

- 有些只是平台；
- 有些提供支持报告和工作台；
- 有些建有存放研究成果的档案馆；
- 有些会汇总更广泛的数据集，而非仅仅是劳动力市场的数据集；

- 有些是现成的，有些是完全定制的；
- 有些是根据候选人的情况确定的；
- 有些来自政府的宏观数据。

选择似乎是无穷无尽的。选择时，最重要的是选择什么样的组合，这主要取决于你的使用案例、你的用户群、你希望覆盖的地域，以及你的价格定位。

鉴于产品种类繁多，我建议你与两家供应商合作，然后与第三个外部数据源进行比较和验证。这是一种常见的数据三角测量方法，通过这种方法得到的定向数据可以互为验证。各种数据集的弱点都可以通过其他来源的数据优势得到弥补，从而提高整体结果的有效性和可靠性。值得注意的是，这并不是一门完美的科学，在数据方面仍存在挑战，而且你确实需要清楚你的数据源的数据刷新率，以确保你能清楚地了解你所看到的数据。

在此我们不深入探讨每一家供应商，因为他们的产品每天都在变化和改进中。不过，鉴于领英的定位和行业渗透力，我想仅围绕领英展开探讨。

## 领英

在传统的产品套件中，领英是一个独特的系统，因为它已经渗透到人才招募领域，许多人将其作为与其内部系统并行的候选人资源管理系统。领英提供的主要产品包括人才解决方案、营销解决方案、销售解决方案和学习解决方案。可以说，领英是一个极具活力的人力资本管理套件的范例。领英提供了两种人才情报团队关注的主要产品：领英聘用帮手（LinkedIn Recruiter）和领英大数据洞察（LinkedIn Talent Insights），这两种产品都属于人才解决方案的范畴。

在此，我们将重点讨论人才解决方案以及领英聘用帮手和领英大数据洞察中的主要产品。领英聘用帮手是一款后端产品，可以实现求职者跟踪系统或候选人资源管理中的大部分功能，但前端使用的是领英会员基础的动态数据集。领英提供了一种独特的产品和服务，是许多人才招募团队的重要工具之一。为了便于用户使用，领英已与许多求职者跟踪系统供应商达成合作，并整合进他们的产品中，使其成为动态候选人关系管理的前端平台。

尽管领英聘用帮手并不是一款人才情报产品，但正如我们在第 5 章中所讨论的，其中的一些元素对任何人才情报工作而言都非常有价值。这些元素包括但不限于：潜在市场（注意，不是总可获得市场，因为后者包括平台外的所有人；潜在市场更好地反映了在领英上可立即访问的人才库）、人才的位置、该人才服务的主要竞争对手、候选人的教育背景、候选人的前任公司。这些对于采购情报和人才情报活动都非常有用。

领英大数据洞察是领英在人才情报领域的一次尝试。与所有其他平台不同的是，它只使用领英的数据集，而不寻求与任何外部数据集进行交叉参考。这样做有利有弊。在领英市场渗透率较低的国家，该平台的数据与其他供应商通过多个数据集得出的数据之间的差异可能会很大。其真正的好处在于，用户在领英大数据洞察中看到的数据点与他们在领英聘用帮手中看到的数据点非常相似。这意味着，招聘专员在使用该工具时更容易上手，他们将对查找到的数据更有信心，因为这些数据与其在领英聘用帮手中看到的数据结构相似。这可以提高产品的使用率，但当你要做出重大决策而不是寻找可用人才时，你需要像使用所有平台一样，非常清楚数据显示的内容与实际市场的对比，尤其是在领英渗透率较低的地区和行业内。

## 宏观数据集

有许多宏观经济劳动力市场数据集的来源可供使用，而且通常是免费的。其中包括国际劳工组织、美国劳工统计局、经合组织技能部、欧盟统计局、世界银行、中情局世界概况和欧盟开放数据门户网站等。

这些宏观数据集对任何人才情报团队而言都是无价之宝，可以让他们从宏观角度，真正了解他们正在研究的数据点的背景情况。例如，如果你正在使用前面提到的外部平台之一，查看某个地区某个职位类别的性别多样化，若不了解该地区劳动力参与率的整体背景，那么这些数据在很大程度上将毫无意义。如果你希望具备人才情报未来学家的能力，以展望未来，并从宏观经济角度预测不利因素，那么这些平台也具有巨大的价值。它们可以回答的问题包括：劳动力参与率的变化将如何影响企业的员工招聘能力？在未来三到五年内，历史和当前的高等教育水平将如何影响企业早期职业计划的可行性？一个国家的人口结构、婴儿潮一代[①]的退休率及相关的知识转移将如何影响企业？历史、当前和未来的国际移民率，将如何影响企业的员工招聘能力？

这些问题涉及的主题，庞大、广泛、高度复杂，且与背景相关，但对于为你的工作设定更广泛的经济和社会经济背景至关重要。

## 目标地方机构

在收集到这些大型宏观数据集之后，你就可以开始针对更具体的地方统计、政府或金融机构数据开展工作了。这些机构数量众多、种类繁多，如何选择将取决于你所针对的具体国家。

重要的是要记住，这些机构通常都有自己的观点或立场，因此尽管他们的数据是可信的，但也需要从他们的角度来解读数据。每个开展贸易或实施投资计划的政府、州或地方当局，自然希望将其当地的数据尽数呈现。但这并不是说这些数据无效或不可靠，你只需要确保数据的方法是可靠的、数据的背景是可理解的。

## 美国证券交易委员会文件

人们越来越关注的一个数据来源是美国证券交易委员会的文件。美国证券交易委员会（SEC）是美国联邦政府的一个

① 指 1946 年至 1964 年的时间段大量出生婴儿时期。——编者注

独立机构，其主要目的是打击市场操纵行为。2020 年年底，其通过了对《S-K 法规》第 101 条、第 103 条和第 105 条的修订。修订案将人力资本资源增列为第 101 项下的披露主题。美国证券交易委员会没有明确说明人力资本资源的定义，也没有对公司报告的指标或衡量标准提出要求，这招致广泛的批评。不过，我们现在已经看到了根据新准则提交的第一批文件，从中可以查询一些主题数据。

到目前为止，在不同程度上披露的一些主题包括：

- 多样性和包容性；
- 人才培养、学习与发展；
- 继任规划；
- 薪酬与福利；
- 吸引和保留人才；
- 全职和兼职雇员比例；
- 工会和雇员关系；
- 员工健康与福利；
- 组织文化、员工敬业度。

报告的深度和质量各不相同：有的更加定量，有的更加定性；有的顺带提及，有的则非常明确和详细。虽然这些数据报告还处于初期阶段，但从人才情报的角度来看，其力量和潜力是巨大的。我们期待随着时间的推移，以及投资者审查机制的加强和信息披露制度的完善，数据质量将得到进一步提高。

# 整合挑战

## 数据质量、有效性、分类标准

大多数人才情报产品都希望在其研究中涵盖相似的参数。这些参数通常包括：

- 人才流动；
- 劳动力储备供应；
- 劳动力储备需求；
- 劳动力成本；
- 大学毕业生；
- 劳动力渠道；
- 生活质量水平；
- 政治稳定性；
- 商务便利性；
- 劳动力市场效率；
- 组织吸引力。

跨平台、供应商、数据源或地域的数据集之间的比较给我们带来了挑战。在平台和数据源之间，主要的挑战在于数据定义和数据规范化。每个数据源是如何定义你要查看的参数的？例如，如果你要查看某个城市软件工程师的人才可用性，你可能需要考虑以下几点：

- 平台是如何定义“软件工程师”的？在给定其他参数的情况下，平台是用准确的短语还是用模糊的逻辑暗示某人是软件工程师的？

- 平台是如何定义城市的？是基于城市所在地报告数据的吗？城市是一个大都市区吗？
- 平台是通过职位分类还是技能分类来形成结果的？
- 平台使用了哪些数据源，相关的数据限制是什么？
- 有关职称等级或范围的数据与企业内部数据相比如何？你的软件开发工程师职位是等同于其他公司相同的职位，还是享有更高或更低的级别待遇？其业务范围是更广还是更窄？你们是否都在寻找同等经验水平的人员？
- 你的职位在不同市场和潜在国家中的表现如何？你的供应商是否了解这一点？
- 你正在查看的数据源的数据刷新率是多少？

现在，至少在工作分类方面，标准职业分类标准等已向所有人开放，从而实现了标准化。有了这种标准化和清晰度，数据的质量和最终用户访问数据的便捷性将得到大大提高。

## 小结

正如我们所见，人才情报数据领域仍然非常注重背景和主观性，但已有很多工具和资源可供使用。我们无须认为要建立人才情报能力，就必须立即拥有大量的工具，或拥有一个专家团队。现实情况是，我们有很多内部资源可使用，有很多团队愿意合作，有很多外部数据集可查询。你希望随着职能的成熟而加大投资和提升专业化水平，以促进发展，但不要让其成为你或你的组织进入人才情报世界的障碍。

**作者寄语**

- 你将有机会在组织内部共同创建和探索合作伙伴关系。你要保持开放的心态，深入思考人才数据的力量，充分挖掘其潜力。
- 不要担心职责孤岛：在泛孤岛式协作环境中，人才情报最具优势。
- 注意数据来源和数据质量。你要知道数据告诉了你什么，也要发现数据中没有提供的信息。
- 慎重选择数据源，通过工具和平台的互补，你要最大限度地发挥工具和平台的整体优势，最大限度地减少其数据的弱点。
- 这是一个不断发展变化的主题。你应随时了解数据环境和变化及其将如何影响你的人才情报产品。

# 第10章 人才情报团队的潜在结构

自古以来，人类就希望以越来越高效的方式协同工作。自工业革命以来，这种情况愈演愈烈，各组织都在努力优化组织设计和功能设计，以实现员工和组织的最佳绩效。这是企业一直在努力解决的问题，也是你在建立和发展人才情报能力时可能会遇到的问题。

概括地说，我们认为专业的人才情报职能主要有四种结构：业务部门一致化、地域市场一致化、职能一致化和产品供应一致化。每种结构都各有利弊，你选择哪种结构主要取决于你组织内部的权力基础和决策权。

## 业务部门一致化

业务部门一致化通常被用于拥有高自治度业务部门的分散型组织中。从人才情报的角度来看，业务部门一致化使你能够贴近客户、快速行动，并从竞争对手情报和特定业务技能情报的角度出发，提升针对性和敏感性。不过，这也可能使你面临以下问题：缺乏集团职能情报专长；在业务未覆盖地区缺乏地理足迹；缺乏产品深度（如果业务领域无产品需求）。

## 地域市场一致化

地域市场一致化通常被用于拥有高度自治地域市场的分散型组织中。从人才情报的角度来看，地域市场一致化使你能够贴近客户、快速行动，并从区域位置情报的角度出发，有针对性地了解所有可能的细微差别、了解该地区的主要竞争对手，并真正了解该地区特定的人才和技能情报。不过，如果你的地区或市场领导层对特定产品没有需求，你就会暴露出缺乏集团职能情报专长、缺乏更广泛的业务部门竞争对手情报、缺乏产品深度等问题。

## 职能一致化

职能一致化通常用于拥有中央控制机构的高度集权型组织。从人才情报的角度来看，职能一致化可以让你从宏观和整体的层面来看待整个组织的情况，从而更好地控制资源，看到未来的技能差距，更好地调整组织设计、角色设计、地点战略等。不过，如果职能领导层对某一产品没有需求，就会暴露出缺乏商业竞争对手情报、缺乏地理或区域市场情报、缺乏产品深度等问题。

## 产品供应一致化

产品供应一致化是最强大的组织设计之一，但它可能会让你暴露弱点。在这一结构下，你将围绕位置情报、竞争对手情报、候选人情报、组织基准对比等特定产品服务调整团队。从人才情报角度来看，产品供应一致化可以让你在特定产品领域拥有高度的专业化和深厚的专业知识，从而为最终客户提供更强大、更优质的产品。然而，这样做需要付出以下代价：产品一致性团队会发现其难以与客户群（无论是业务部门、职能部门，还是市场）保持足够的密切联系，因为互动往往是零散的。团队成员也可能患上产出疲劳症——频繁进行相同类型的研究导致不满情绪和成员流失。这也暴露了这种结构面临的挑战：由于整个团队接触产品的机会较少，如果有人离开，就会出现单点故障，且几乎无法修复。

以上四种结构模式都有可能错失良机。因此，我们提出第五种选择：混合矩阵模型。

## 混合矩阵模型

混合矩阵模型借鉴了上述四种结构的要素，尝试首先与公司领导的目标对齐，然后再进行二次叠加对齐，以寻求机会最大化。此模型旨在通过传统的“一切如常”机制，最大限度地利用机会，同时保持专业化，并掌握丰富的专业知识，使其可应用于产品、市场、业务部门等。

要构建混合矩阵模型，你可以让个体身兼数职。例如，某人既可以是竞争对手情报方面的人才情报专家，也可以是市场专家或地点战略专家，还可以被派驻至客户或业务部门。

这种身兼数职的安排可以发挥巨大的作用，既有利于其掌握丰富的专业知识，又能保持其工作的多样性。不过，随着公司的成长和成熟，这种安排也会带来挑战，因为个体会产生潜力受限之感。

混合矩阵模型还可以将核心关系和重点客户管理划分清晰（可按市场、业务单位、产品或职能划分），然后让专业人才情报部门以泛职能的形式管理所有客户。例如，你可以按市场划分客户经理——其在市场领导层建立所有关系，是区域市场劳动力市场背景下的主题专家。当然，你也可以在泛职能团队的支持下，在所有市场中开展竞争对手情报、DEI情报或软件市场情报等专业工作。例如，如果你的组织是由市场或区域驱动的，则可能如图 10.1 所示。[①]

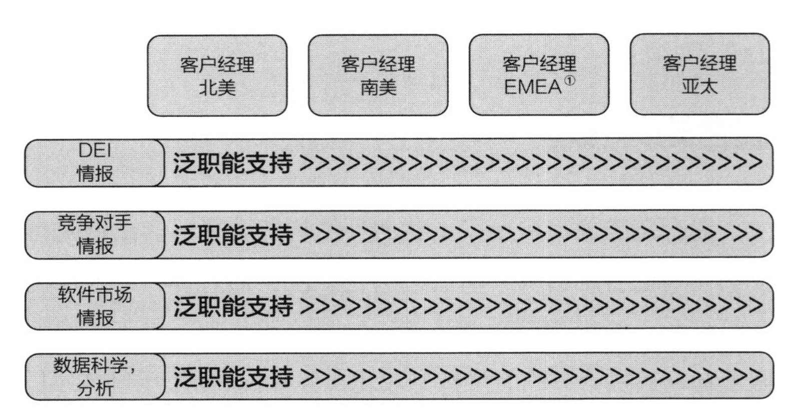


图 10.1　对市场或区域驱动下的组织提供泛职能支持

或者，如果你的组织是由业务部门驱动，并在欧洲、中

① EMEA，为欧洲、中东、非洲三地区的合称。——编者注

东、非洲和亚太地区开展业务，就可能如图 10.2 所示。

客户经理 实体零售
客户经理 电子商务
客户经理 化学品
客户经理 制药

DEI 情报 泛职能支持 >>>>>>>>>>>>>>>>>>>>>>>>>>>>>>
竞争对手情报 泛职能支持 >>>>>>>>>>>>>>>>>>>>>>>>>>>>>>
软件市场情报 泛职能支持 >>>>>>>>>>>>>>>>>>>>>>>>>>>>>>
数据科学，分析 泛职能支持 >>>>>>>>>>>>>>>>>>>>>>>>>>>>>>
EMEA 情报 泛职能支持 >>>>>>>>>>>>>>>>>>>>>>>>>>>>>>
亚太地区情报 泛职能支持 >>>>>>>>>>>>>>>>>>>>>>>>>>>>>>

图 10.2　对业务部门驱动下的组织提供泛职能支持

# 集中式与分散式

在所有这些结构模式中（业务部门一致化、地域市场一致化、职能一致化、产品供应一致化、混合矩阵模型），你还可以选择集中式或分散式的人才情报职能。

## 集中式

集中式人才情报团队意味着人才情报职能的所有成员都由集中式人才情报团队直接管理，无论其专注于业务领域、市场领域，还是其他职能。

这种方法的主要优点如下：

- 有了统一的整体视图，集中式团队就能对公司的所有工作进行优先排序。
- 人才情报团队成员在一个团队和社区中，更加紧密地团结在一起，团队有统一的愿景和使命。
- 通过知识共享减少阻力和障碍，提高成员间的学习与支持能力。
- 在能力管理方面更具灵活性和流动性，能够将人才情报资源转移到需要临时支援的项目上。
- 提供了更多的职业发展机会，因为集中式扩展提供了专业化舞台和职业发展路径，而分散式扩展则很难做到这一点。
- 可实现规模经济，能降低成本。集中式系统、流程、工具和资源管理可以减少重复的工作量、流程中的浪费，并通过简化指挥链减少重复的责任。
- 在所有客户群中实现标准化和一致的工作产出。

但是，在集中式团队中，你将面临以下挑战：

- 领导层级和相关机构的增加。
- 工作延迟，因为流程和决策的增加所致。
- 决策者远离客户，导致最终客户感觉不到决策执行是否快速或有效。
- 产出往往是标准化的，不符合客户的具体需求。

## 分散式

分散式人才情报团队是指人才情报职能部门的所有成员

都由本地管理，并被派驻业务部门、市场岗位，这些被派驻的人才情报成员往往对公司其他部门的人才情报个体或团队了解甚少，且互动有限。分散式的优点可以从集中式的缺点中推断出来，归纳如下：

● 人才情报成员或团队直接参与和执行各团队在当地的工作规划。

● 可为每个团队配备专门的人才情报资源，供其按需使用。

● 可减少领导层级和相关机构。

● 可明确关注对口业务部门、市场、职能部门的愿景和使命，清楚了解所有工作及其对所在领域的影响。

● 为任何特定团队工作的人才情报成员，都能了解该团队的任务，在开始新项目时，无须额外的提升或培训。

● 由于流程和相关决策的步骤减少，工作可快速交付。

● 将决策者与客户紧密联系在一起，可令客户体验到行动的快速与高效。

● 产出往往是非标准化和定制的，符合客户的具体需求。

● 可为泛职能学习和发展以及平行职业发展提供更多机会。

然而，分散式团队将面临如下挑战：

● 由于规模较小，团队内部的职位选择较少。

● 规模经济较少导致产能减少、工具不足和投资降低，但成本上升了。

● 成员间学习、知识管理和转移的机会减少。

- 标准化程度较低，导致客户群之间的产出标准不一。

### 限定集中式

第三种方案是限定集中式。这种方案既有集中式的规模，又有分散式的自主、速度、本地化和嵌入性。在这种模式下，团队和个体的管理和报告机制是集中化的，但人员被划分到特定的业务、市场、职能、产品部门中。这样就可以具备集中式团队的职业规划、效率、成员间学习、支持结构、整体视角、能力管理和灵活性等优势，而且“限定”和“对齐”能使个体具有灵活性、专业性和关联性，以快速的响应速度直接影响客户。

当然，人才情报中还有一个重要因素，许多传统组织和工作量设计与效率模式都没有充分考虑到，即人才情报的核心是知识管理，而非纯粹的产品输出。

## 知识管理

正如所强调的，知识管理（KM）是任何情报职能的核心，人才情报也是如此。知识管理过程通常被概括为知识获取、创造、提炼、存储、转移、共享和利用。

本质上，我们可以从知识的获取、存储和共享这三个核心步骤入手。无论是通过自己的研究，还是通过寻找其他有价值的研究，专注于获取知识往往很容易。因为获取知识天然地与工作流程相吻合，而且在你培养人才情报能力时，其也会很自然地发生。然而，有太多人止步于此。他们创建项目并将其交付给客户或利益相关者，却没有考虑如何在未来以可扩展的方式存储或共享这些获取的知识。我强烈建议围绕上述三个核心步骤建立一个可销售、可重复的流程。请参考以下问题：

- 在哪里存储研究成果合适？如果存储的是企业敏感资料，是否可以选择第三方供应商？
- 以后谁会使用这项研究成果？数据是否方便其检索？
- 如何让他人能够搜索到这些研究成果？是通过结构化的文件结构，还是通过专门的知识或内容管理工具？
- 在这个存储库中存储什么是安全的？可以存储任何项目？还是只可存储被视为非机密或不受限制的项目？
- 你想按用户类型进行数据分区吗？
- 你需要搜索功能还是过滤功能？

有了这些信息之后，你还应该考虑如何在目标群体中分享这些信息。这就是我们在第 6 章中讨论过的沟通战略的作用所在，它可以让你的团队积极主动地进行有针对性的情报沟通，同时，在你的核心用户群体（传统上是人才情报、人才招募、高级人才寻访和更广泛的人力资源，但你也完全可以将其扩展到更广泛的业务利益相关者）中建立一种知识共享文化。人的参与和文化因素不容忽视。你需要从领导层发起，努力推动一种奖励和授权知识共享的文化，还应在合作伙伴团队中设立知识共享倡导者。他们将充当本地主题专家，促进知识管理工具的学习，并帮助推动知识共享和传播情报文化。

## 团队规模

经常有人问我，人才情报职能需要多大的规模？这一问题没有固定的答案，它在很大程度上取决于你的客户群、地域分布、复杂程度和提供的服务。在 2021 年人才情报社区基准调查中，近 70% 的受访者强调，他们的团队成员比例为每 50 名客户或利益相关者对应 1 名团队成员。

请记住，要做到这一点，你必须清楚并有意识地了解谁是真正的客户。如果你为一个拥有5000名员工的组织提供支持，但你只与1%的高层领导接触，那么你就要清楚你的实际客户群是50人还是5000人。但同样，如果你的利益相关者都是高层决策者，那么你也可以寻求与高级人才情报可信顾问建立1：1或1：2的关系，从而与高层领导保持一致，成为他们的战略人才顾问。参与程度和能力确实需要根据组织的实际情况和你希望遵循的模式而定。

### 小结

那么，什么是正确的结构模式呢？我建议尽可能与驱动力保持一致。例如，如果你的业务是由业务部门驱动的，就应与业务部门保持一致。如果你的业务是由市场驱动的，就应与市场保持一致。如果你的业务是由职能驱动的，就应与职能保持一致，我推荐限定集中式结构。例如与市场一致的集中式团队、与业务部门一致的集中式团队、与职能一致的集中式团队，以及与产品一致的集中式职能。但本质上，重要的是应从最终客户、他们的需求、所需关系和所需产出着手，然后再以此为基础反向思考。

**作者寄语**

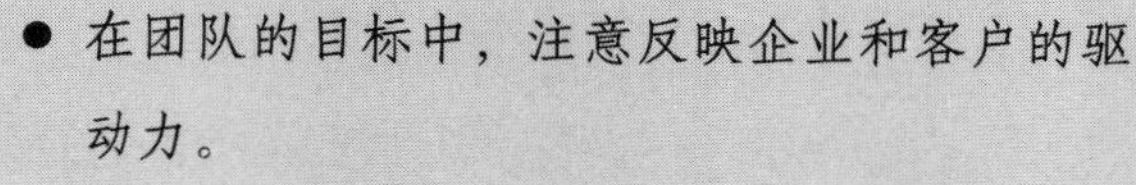

- 在团队的目标中，注意反映企业和客户的驱动力。
- 对各种模式持开放态度，并意识到其将随着职能的成熟、专业化，以及业务模式的变化而变化。
- 针对客户及客户群中可重复的工作，提供泛孤岛式支持，最大限度地提高能力。
- 不要忽视知识管理和知识共享；从企业顶层着手建立知识共享文化。

# 第11章

# 团队中所需的角色和技能

人才情报领域仍在不断发展。团队中所需的角色、技能和能力仍很广泛，有时甚至未被定义清晰。本章中，我们将更详细地探讨这一问题，从技能、能力和角色的角度审视跨学科人才情报能力的现状和未来需求。

本章中，我们将对技能、能力和角色做如下定义。

- 技能：完成角色所需的细化、具体的活动。它们是战术性的，为了完成某项任务，往往要经常重复。
- 能力：具有重要的战略意义，与业务或职能的整体影响相一致，并有助于推动该影响。
- 角色：围绕特定的交付成果，具有明确职责的特定人员。

## 技能

在 2021 年人才情报社区基准调查中，受访者列举了 2022 年他们寻求在职能中发展、保持或取消的五大技能。从受访者当前的工作重点、所期望的未来状态，以及所面临的技能差距来看，调查结果很有说服力。你可能会说，下面的一些内容实际上是能力而非技能，但这确实是调查中得到的结果。

## 需要保持的技能

总体而言，受访者希望在整个2022年保持的五大技能（目前已具备）是：采购能力（64.7%）、项目管理能力（52.9%）、解决问题的能力（49%）、利益相关者的管理能力（47%）和劳动力规划能力（39.2%）。由此可见，采购能力仍被视为大多数人才情报团队所需的核心技能。这与50%的受访者强调他们的首要任务是采购或人才地图绘制是一致的。其余技能则是软硬技能的混合体——尽管软技能（利益相关者的管理能力或解决问题的能力）可以通过技术培训形成。不过，总体而言，这些技能都与采购情报及咨询性的人才情报密切相关。

## 需要发展的技能

总体而言，受访者希望发展的前五项技能（目前未具备，但应为2022年及之后的重要技能）是：数据可视化能力（80.4%）、预测分析能力（78.4%）、数据分析能力（74.5%）、战略咨询能力（68.6%）、运用人工智能的能力（68.6%）和数据工程能力（62.75%）。当我们审视这些技能时，会得到一个非常强烈的信息，即团队认为他们需要提高其在可视化、分析或工程方面的技术技能，以及战略咨询能力这项非技术技能。我们可以看出，团队希望提升自身工作水平，为向其咨询的人员提供数据基础，使自身能够提供具有战略影响力的咨询服务。

## 需要取消的技能

总体而言，受访者希望取消的前五项技能（目前仍保留但并非 2022 年或之后的必要技能）是：采购能力（15.7%）、劳动力规划能力（11.7%）、运用人工智能的能力（11.7%）、数据工程能力（11.76%）和预测分析能力（7.8%）。有趣的是，考虑到当前状态下采购和人才地图绘制的重要性，团队希望取消的第一项技能竟然是采购能力。这表明，尽管采购能力仍然是许多团队的核心，但其并不被视为未来的核心交付服务。令人惊讶的是，运用人工智能的能力、数据工程能力和预测分析能力等一些技术性较强的技能也会出现在这份名单中。这表明，这些技能在团队中已经具备，但目前并未得到充分利用。我的观点是，很少有团队具备数据架构和数据工程或数据质量水平，无法真正在人才情报能力中使用预测分析的能力或运用人工智能的能力等技能。在更加稳定和结构化的人力资源分析领域，引入这些技能尚且不久，因此要在拥有更加杂乱和非结构化数据集的人才情报领域采用这些技能，所面临的挑战性将更大。

# 能力

能力是能够提高工作效率或绩效的一系列特征。能力具有重要的战略意义，有助于推动整体业务或职能的发展。能力不是细化和具体的技能组合，而是具有推动团队文化与商业目标相一致并交付相应成果的显著特征。

在公司内部，你需要在特定的人才情报版本中提升多种能力。但我认为，有一些能力是大多数人才情报团队的核心。让我们来详细了解一下这些能力。

## 解决问题的能力

能够定义问题，并找出问题的根本原因，然后找出潜在的解决方案，是人才情报能力的核心。这种解决问题的能力经常被认为是应对瞬息万变的未来所需要的关键技能之一，然而在工作场所却很难发现其踪迹。考虑到在人才情报方面所面临的问题类型，以及有效提供解决方案所需遵循的结构化流程，核心的问题解决能力和探究答案的天性，在今天和未来都将是绝对的关键。

## 批判性思维的能力

批判性思维有多种定义，但就人才情报而言，我认为它是一种观察、分析、解释、反思、质疑、评估和交流所接触到的人才数据的能力。批判性思维将挑战现状，并以理性和略带怀疑的态度看待数据。因此，提出中肯咨询建议的能力至关重要。通常，批判性思维还涉及解决问题或沟通等其他能力，这些能力都是批判性思维的子集。在培养批判性思维能力的过程中，你应记住两种方法。第一种方法叫作“五个为什么”法。顾名思义，这种方法就是在任何给定的问题陈述中问五次“为什么”，以深入挖掘问题，并试图找出产生问题的原因所在。不过，“五个为什么”法的风险在于，你的注意力可能会过于集中，导致产生“隧道视野”；对于复杂的、多面的问题，情况尤其如此。该方法基本遵循一条自上而下的路径，从直升机视角出发，向下深入挖掘。第二种方法叫作“第一原理理论”，其本质上是一种自下而上的方法，即从你所知道的“最低”或最基本的事实出发，逐步创造出一种更适合特定情况的新颖方法。

为了说明这两种方法之间的差异，我们不妨假设这样一个场景：“企业无法像预期的那样快速发展，因为没有足够的毕业生进入企业，无法为高绩效人才提供人才渠道。”

在“五个为什么”方法中，我们可以将问题细分如下：

- 第一个为什么——为什么会这样？

在招聘过程中，我们的毕业生离职率很高。

- 第二个为什么——为什么我们会看到这种情况？

我们看到绝大多数毕业生在批判性思维部分的评估中不及格。

- 第三个为什么——他们为什么会失败？

我们正在筛选的候选人从我们的目标大学毕业后，批判性思维能力不够强。

- 第四个为什么——为什么他们没有这种能力？

我们历来的招聘来源大学，没有培养强大批判性思维的血统。

- 第五个为什么——我们为什么要以这些大学为目标招聘员工？

这是公司惯例，因为我们的创始人和领导层从这些大学毕业。

如果我们基于“第一原理理论”的方法来考虑同样的问题陈述，就可以是“为了实现公司预期的发展目标，我们需要引进具备强大批判性思维能力的人才，因为这是保持高绩效的首要相关因素”。我们将在项目中更好地识别具有批判性思维的人才，而非关注任何与毕业招聘相关的事情。从可选学校中招聘此类人才或不设置学校背景要求将是正确的做法。

## 创造与创新的能力

你经常需要寻找新的和不同的问题解决方案，无论是获取新颖的数据集，还是从其他角度寻找解决方案。创造与创新能力将是其中的核心。值得注意的是，创造与创新能力是积极的能力和特征，必须周密运用，方能达到预期的效果。就人才情报而言，你应确保有意识地创造空间和时间，鼓励团队寻求创造性和创新性的解决方案。

此外，你还需要为创造与创新能力设置一张安全网，明确这是一个可以尝试和失败的安全空间。如果有人尝试一种新方法但失败了，那么你一定要让他知道，只要他事前考虑周密，事后吸取教训，失败是可以避免的。如果员工感受不到你的鼓励和支持，那么他们就会害怕失败，不敢尝试，逐渐退缩，其创造与创新的能力也将枯竭。因此，你要善于让他们敢于尝试、勇往直前、不断学习。

## 处理不确定性的能力

你永远不会拥有确定性。数据永远不会是百分之百准确；情况永远不可能百分之百掌握；劳动力市场和商业环境永远处于变化中。你需要确保处理不确定性的能力游刃有余。你应为不同的情况制订计划并降低风险，但要做好在不了解所有细节或不掌握全部知识的情况下行事的准备。

处理不确定性的能力并不是人才情报职能独有的能力，但考虑到我们要解决的问题和用于解决这些问题的数据集，我们必须比大多数职能更灵活地运用这种能力。培养团队成员钻研问题的能力，了解哪些因素需要更加确定、哪些因素可以更加模糊，这一点是至关重要的。

## 大胆思考的能力

正如重申的那样，人才情报仍然是一个新领域，而且在不断变化，不要被先入为主的想法束缚，要大胆思考。人才情报职能和能力仅受我们自身创造力的限制。你要不断寻找机会，挑战并扩展自己和团队，跳出“舒适区”。

大胆思考是一种既可以培养又可以结构化驱动的能力。你可以举办“大胆思考”研讨会，专门用于拓展思维，从围绕一个问题陈述进行发散性思考开始，挑战自己和他人，共同开放思想，解除束缚；不要保留想法，要大胆、勇敢地拓展思维，从最终客户的角度思考问题，设身处地为他们着想；不要试图直接找到解决方案，也不要受限于当前限制，这是一项构思的能力。你要追求思考的数量。通常，在衡量与创造力相关的发散思维时，其数量与质量相关。你对问题进行思考，并开始寻找潜在的解决方案时，请引入聚敛式思维来巩固想法和建议。

你可以随时使用这种从发散到聚敛的过程，并将其想象成你可以训练的“大肌肉”，可根据需要发力或休息。

## 商业头脑

这包括两项能力：一是在客户群中发现新服务和新产品机会，以开发人才情报产品的能力；二是从商业角度了解人才情报工作如何影响业务发展的能力。

在人力资源职能中，我们经常会看到，凭借业务敏锐度洞察组织的目标、愿景和战略，并据此创建和调整活动，能更好地服务于这些目标、愿景和战略。在我看来，这为人才情报在整个组织内产生更广泛的影响，从而真正帮助企业实现其预期目标打开了一扇巨大的机会之窗。

之所以这么说，是因为目前绝大多数组织根本不知道这种能力的存在，他们最关心的是能否在正确的时间、正确的地点、以正确的成本招聘到正确的员工。我们需要大胆思考、主动作为，与这些组织的领导沟通。否则，任由一切如常，对各方均无益处。

## 数据素养

并非团队中的每个人都必须是数据科学家或数据分析师，

但一定的数据素养绝对是团队中所有角色必备的核心能力。无论是掌握数据采集、数据发现、数据清理、数据管理、数据可视化，还是遵守数据道德，在数据主导的环境中确保你能游刃有余是关键所在。

就其本质而言，人才情报的核心是数据。拥有善于讲述数据故事的团队成员，了解数据何时出现异样、何时应进一步提出问题并挖掘数据集，这对于其的能力发展和进一步提高业务可信度至关重要。数据素养并非人才情报职能独有的能力，各组织职能都需要提高员工的数据素养。

## 学习能力

拥有学习文化是成功提供人才情报服务的关键。人才情报领域正在不断地发展：学习、忘却、再学习，以及随时吸收信息并将其有效付诸实践的能力至关重要。“忘却”是一个积极的过程，即删除知识或技能，或停止更新这些知识或技能，以便让新知识或技能取而代之。这种“忘却”和“再学习”的能力，以及由此产生的内在好奇心应贯穿所有工作的始终，其将引导你不断挑战运营模式、产品服务、团队目标等现状。

有关“学习”和“再学习”的一个最有趣的方面是，在这一过程中，你的大脑会在大脑神经元之间创建新的和强化的通路。这种神经可塑性是成长型思维模式的具体表现。作为人类，我们可以选择固定型思维模式，也可以选择成长型思维模式。

上述能力可奠定整体基调，为你提供文化背景和整体框架，以使每个角色都能在各自的领域内发挥专长。值得注意的是，以上讨论的许多能力在大多数工作环境中都很难找到。若要究其原因，我们可以在另一本书中讨论。但我认为，许多国家的教育体系根本不是为了培养能够在特定环境或情况下提出问题、勇于挑战和自由思考的人才而设计的。我们在许多教育理念中看到的死记硬背式学习系统，它鼓励个体重复记忆和回忆信息，却并不着眼于促进批判性或探究性思维，而这种思维对于上述的任何能力都至关重要。

## 未来的技能和能力

在第 15 章中，我们将更详细地探讨人才情报的未来，但此处我将谈论我是如何看待人才情报职能的技能组合的。

在短期内，我们将看到对高级咨询能力需求的持续增加，特别是批判性思维和商业敏锐度，因为我们面临的是一个不断变化的劳动力、经济市场。随着职能的增长和发展，我认为我们将看到角色类型和相关技能的进一步专业化和细分化。

角色的专业化将赋能咨询师、经济学家、数据工程师和数据叙事者。合作伙伴团队已无暇成为我们联系客户的渠道，因此我们将看到更贴近一线业务的持续存在。能够在这种环境下提供咨询，意味着我们咨询和客户管理能力的提高。这些顾问同样需要依靠职能部门的专家，在特定时期提供支援。

随着人才情报产品线的各个部分都变得更加专业化，数据可视化、未来预测、数据即服务等业务将进一步专业化和高效化。

这些技能和能力中有许多都不太可能通过传统的人才情报职业途径或采购渠道获得，它仍然严重依赖于人才招募。我还预见到，随着大量人员从咨询、经济学、商业分析、销售、营销情报、劳动力战略规划或计划管理等平行或替代职业途径转入人才情报职能，人才情报的人员背景将呈现巨大的多样化。

# 角色

现在，根据你决定提供的整体服务，你可能已拥有一些、全部或可能缺少以下角色。以下角色类型指南仅供参考。在以下角色类型中，我们并未探讨与名称生成、人才地图绘制等采购情报或高级人才寻访职能有关的角色。其原因有二：一是，已有许多其他书籍对采购情报或高级人才寻访领域进行了介绍，很多个体对其做过大量研究；二是，我想将本节重点放在人才情报这一职能上，因为我坚信，人才情报正在业内开辟出一片新天地。

## 人才情报顾问

人才情报顾问是一个比较传统的人才情报咨询职位，以咨询的方式利用数据和情报来影响业务决策。人才情报顾问对人才状况有广泛的了解，能够非常自如地与高层领导及其团队建立关系，使他们能够利用劳动力市场情报影响业务决策。人才情报顾问天生好奇，有强烈的求知欲，注重持续改进。他们思维缜密，善于分清轻重缓急，具有很强的分析能力，并能迅速赢得信任。

## 情报在线顾问

从表面上看，这个职位与传统的人才情报顾问和分析师职位非常相似。一个微妙的、但我认为很重要的区别在于其工作性质和所需的相关技能。传统上，顾问和分析师都希望解决特定的单一时间点的决策（运营级、战术级或战略级）。其与情报在线顾问的主要区别在于，情报在线顾问的工作本身不是一次性的项目——从设计上讲，它一直在进行，是一项工作计划，而非一个项目。这意味着顾问服务的类型有时会略有不同。一旦项目建立，数据集输入、设计、分析和输出都会有条不紊地进行。情报在线顾问更多的是要了解变化以及发生这些变化的背景，并能够以可重复和一致的方式产生非常相似的输出，而不是像咨询公司那样只进行一次性的研究。

## 人才情报分析师

人才情报分析师的工作包括提供人才信息和界、管理和交付劳动力市场情报，以及开展背景研究，并在必要时连接数据源。人才情报分析师需要具备战略思维能力、以人才招募为重点的研究能力、根据收集到的研究结果采取策略性行动的能力、有效的写作能力，以及较强的批判性思维能力。人才情报分析师通常会在所有产品类型和相关客户领域开展工作，并将成为人才情报咨询团队未来的人才输送管道。

## 人才情报未来学家

人才情报未来学家将展望未来 18 个月以上的图景，预测将面临哪些困难、遇到何种挑战、劳动力市场如何变化，然后提出解决方案和战略来予以应对。人才情报未来学家将系统地探索劳动力市场的未来及可能性，以及事态的早期萌芽。人才情报未来学家通常具有经济学家或商业分析师的背景。

## 沟通管理和知识管理

在人才情报团队中，沟通管理和知识管理的作用往往会被忽视。我认为，这是最大的错误。人们对人才情报批评最多的是：人才情报是孤立的信息，由于人们不知道它的存在，所以它无法产生应有的广泛影响。该问题的解决方法是安装知识管理系统或内容管理系统。这些系统具有很高的价值，我建议这样做。但同样，它也将成为企业指定使用的大量系统中的一员。让用户和客户适应另一个平台是很难的，用户和客户对平台疲劳的影响是真实存在的。因此，投入时间制定有效的沟通策略，主动向相关用户推送信息，是非常有价值的。其形式可以是有针对性的新闻简报、播客、周 / 月 / 季业务评论、信息图表、网络研讨会、新闻提醒——客户选择哪种机制来使用其购买的情报，你就应该提供哪种情报载体。

## 候选人感知研究科学家

候选人感知研究科学家的工作包括利用定性和定量方法开展研究，以了解和改善候选人、潜在客户和市场对组织的看法。候选人感知研究科学家将针对正在进行的项目提出建议、制定规则和承担责任，以了解不同职位类别、地域和业务的候选人的心声。无论是针对应聘者的情绪和看法，还是针对更广泛的研究成果，候选人感知研究科学家可能既会使用间接研究方法，又会使用一手研究方法（包括与目标人群进行访谈或成立焦点小组）。候选人感知研究科学家可能既具有社会科学（如心理学、社会学）背景，又具有定量学科（如数学、经济学、统计学）背景。

## 数据采集工程师

数据采集工程师（DA&E）会使用一系列工具连接系统并提取数据，继而将其输入到自己的环境中进一步处理。从对数据进行分析探索和检查，到领导可扩展平台的评估、设计、构建和维护，数据采集工程师会指导你的人才客户解决最紧迫的挑战。构建一个有效的数据采集工程师结构，将使你的团队以前所未有的方式和速度对数据进行扩展和实验。

## 业务及数据分析师

业务及数据分析师可以为各种人才情报计划提供分析支持，并开发工具，及时提供有意义、可操作的数据，推动积极主动的决策。业务及数据分析师将掌握分析所需的数据和指标，并为利益相关者提供仪表板构建、自助服务工具等方面的信息。

## 技术项目经理

如果要创建技术产品，技术项目经理就会是团队的宝贵补充。作为客户与企业内技术团队之间的沟通渠道，技术项目经理可将业务需求转化为结构化数据需求，供技术团队使用。技术项目经理会遵循与传统的人才情报顾问类似的流程结构，收集客户需求、确定项目可行性范围、管理流程和进度表。鉴于项目的技术性，以及可能的产品和产出，技术项目经理还会在最终确定产出之前检查所提出的解决方案。从技能角度看，技术项目经理既要有丰富的技术知识，还要有很强的沟通能力和项目管理技能。

## 产品经理

如果你的团队正在考虑开发一套产品或转向自助服务型模式，那么你们可能有必要同时考虑设置一名产品经理。其与技术项目经理的职责有些许差别：技术项目经理会与工程团队紧密合作，以确保成功执行收集到的需求；产品经理则更接近客户。产品经理会关注产品路线图、产品愿景，深入研究用户体验和痛点。从本质上讲，产品经理关注的是产品“是什么”（你要开发什么产品）和“为什么”（你为什么要开发这个产品），而技术项目经理关注的是“怎么做”（打造产品的方法）和“合作方”（与谁合作才能确保产品的稳定和成功）。

## 数据科学家

我们前面提到，从技能角度和角色角度看，数据科学领域都在不断发展中。在团队中拥有一名数据科学家，可以为你提供真正的力量，推动以数据为先导的战略决策。数据科学家一般都具备计算机科学、统计学、分析学和数学基础，拥有很强的分析和量化技能，能够利用数据和衡量标准来支持假设、建议并推动行动。但需要注意的是，要真正从团队中的数据科学家处获益，你需要获取干净、原始的数据，而非预先汇总的平台数据。

## 小结

任何人才情报能力或人才情报职能中的技能、能力和角色都是广泛而多样的。以上只是人才情报的一个版本，还会有更多的角色在演变，更多的途径有待探索，更多的技能需要掌握。在发展过程中，请关注你的目标、现状、人才缺口，以及你将如何购买、构建或借用所需技能，来发展你想要提供的职能或能力。

**作者寄语**

- 无论是战略咨询、数据科学、劳动力规划，还是项目管理，你都要非常清楚整个团队需要哪些技能，不要期望个体能够精通所有领域和技能组合。
- 你永远不会有 100% 的确定性。请时刻准备着，以清晰果断的方式应对不确定性。
- 了解你希望团队实现的目标，这对于了解大家需要哪些能力是至关重要的。
- 这并不是一份详尽无遗的清单。随着团队、产品和行业的发展，人才情报职能所需的技能、能力和角色也将不断演变。

# 第12章

# 职业规划

本章中，我们将从职业的角度探讨哪类人将进入人才情报领域，以及在进入人才情报领域后、从事人才情报工作过程中和离开人才情报领域后，有哪些职业途径。本章篇幅较短，未提及更多的职业途径，第 15 章将讨论人才情报的未来，届时可了解更多。本节中，我不再深入探讨技术角色的专业化（例如数据工程、商业情报工程或数据科学），因为这些角色在很大程度上可以跨职能转移，而且这些角色之间的人才流动也趋于传统和标准化。我将重点讨论人才情报咨询，因为它是企业结构中较新的元素，也是定义最不明确的元素。

## 人才流入

人才流入的原则是首先获取“易得的成果”。大多数内部人才情报团队都是在人才招募职能下组建的。因此，我们可以预测许多人才从人才招募部门流入人才情报部门，而事实也确实如此。过去三年创建的大多数人才情报团队，其成员尤其是领导层，皆来自采购和人才招募部门。但也有例外，一些杰出的人才是从知识管理和图书管理部门流入的，他们有的是从行政助理或主管的职位平行进入团队的，有的是从竞争对手情报部门进入团队的。但通常情况下，这些设在人才招募职能下的内部人才情报团队，是由人才招募团队的成员组成的。而且，正如第 11 章所述，考虑到离职可能造成的职能缺失，它目前的核心交付成果仍与人才招募和采购紧密相关。

对于内部人才情报职能而言，这种人才招募的职业途径是正确的，但当我们以更广泛的视角审视这个行业时，就会发现一种截然不同的趋势：大多数人才情报部门的专业人员要么来自其他情报行业（营销情报、竞争对手情报等），并在职业初期过渡到人才情报部门，要么是从零开始新入职的毕业生。这一点在供应商、平台和外包行业尤为明显，在这些行业中，我们可以看到人才情报专业人员的入职、发展和职业途径都非常稳定。

这意味着什么？一个问题是，我们将如此多的人才招募专业人员转变为人才情报角色，几乎是有意限制了我们的经验和接触面。我们正在限制人才情报背景的多样性、思想的多样性和接触面的多样性。这很可能会限制我们的思维和人才情报作为一项职能不断发展的能力。许多内部人才情报职能正试图通过以下几种方式避免这种情况：

- 利用供应商优势，在这些供应商创造的人才热点地区设立人才情报职能部门，并寻求引入供应商在人才情报业务扩展方面的经验——这方面的经验正是我们内部一直欠缺的。
- 从其他职业途径（如情报学、经济学家、心理学家）引进人才的趋势越来越明显。与此同时，实习生和轮岗计划的需求也越来越大。这既是为了发展团队的能力，也是为了挑战传统思维。

## 人才流出

目前，职业发展前景不明朗是人们离开人才情报领域的首要原因。他们根本看不到前方有任何发展空间。人才情报咨询领域的技能具有很强的可迁移性，我们看到一些人通过该领域进入了其他多个领域，比如，人才招募、人力资本分析、人才管理、战略咨询、经济发展、市场或竞争对手情报、薪酬与福利、人力资源、战略性劳动力规划或项目管理等。

我们仍然看到大多数人才情报人员在进入该领域后会进行角色转换，从一个人才情报岗位转到一家提供新机会的新公司从事类似的岗位，或者从一个成熟的团队转到一个新成立的团队，以打造自己的产品。人才情报仍然是一个新领域，机会很多。

不过，这种变化在很大程度上是由于团队的成长和发展速度与团队中个人的成长和发展速度不一致造成的。正如我们将在下一节讨论的那样，为人才情报职能制定职业规划路线图（CPR）是帮助明确职业发展方向的途径之一。

## 职业规划路线图

职业规划路线图是一个极好的职业框架工具，可以围绕角色职责、层级期望、薪资准则、晋升要求等方面，为团队和经理提供清晰透明的指导，既可以探讨个人贡献者的发展路径，也可以探讨经理的发展路径。你应该能够清楚地阐明不同层级的职能维度是如何变化的，消除模糊性，明确角色范围、客户群、执行层级、变革影响力、流程改进责任，以及每个级别应具备的经验。

那么，这看起来如何呢？让我们通过以下几个角色、层级来了解。

**商业级别：**企业 1 级。

**个人贡献者 / 管理者：**个人贡献者。

**职位：**人才情报分析师。

**工作内容：**单线程负责人，负责与现有计划或客户相关的简单项目的规划、执行和交付。

**不确定程度：**在确定的项目上工作；偶尔需要指导。

**范围和影响：**一般情况下，与一个团队合作，影响其项目计划、利益相关者和客户互动。

**业务开发：**不负责业务开发；提供工作。

**建议：**同行、顾问。

**执行：**定义需求、促进进展、识别阻碍因素，并提高问题的可见度。

**影响：**中等。团队目标和项目相关衡量标准。

**改进流程：**提高团队效率；优化之前定义的流程。

**建议的经验：**分析领域或情报领域的相关直接经验或可转换经验。

如果你能持续表现出以下综合能力，你就将被考虑晋升为企业 2 级职员：

- 你能独立工作，成功管理困难的跨职能项目。
- 你善于将原始想法转化为清晰、连贯、准确的文件或指示。
- 你能控制工作范围，加快工作进度，能通过及时做出明确决策识别和清除阻碍因素，以及通过择机上报来提高运营效率。
- 你能改进团队流程和衡量标准，消除交付障碍并降低成本。

下一个角色可能是：

**商业级别：**企业 2 级。

**个人贡献者 / 管理者：**个人贡献者。

**职位：**人才情报助理。

**工作内容：**你负责管理现有计划或客户，交付与团队目标相一致的高难度项目。

**不确定程度：**内部战略已确定；业务问题和解决方案可能尚未确定；独立完成任务，但会寻求指导。

**范围和影响：**一般情况下，需要进行跨团队工作；会影响客户内部路线图上的优先事项和决策；可能会影响外部实体的互动。

**业务开发：**只负责极少量的业务开发工作；大部分工作都是组织提供的。

**建议：**顾问、经理。

**执行：**工作是战术性的。你将管理跨职能的项目和目标，能够发现风险并提出正确的问题，排除障碍并适当上报，善于在时间、质量和资源上做出权衡。

**影响：**中等。会影响跨团队目标和项目相关指标；可能会影响一个国家或地区。

**流程改进：**提高项目和流程效率；优化跨团队流程，提高团队效率和交付能力。

**建议的经验：**分析情报领域内相关的直接或可转换经验；建立客户所有权，并实现跨团队目标。

然后，你可以围绕对领导力、员工培训、客户群教育等层面的期望，进行更详细的阐述。

这一结构应贯穿整个职业规划路线图，包括团队领导。你应清楚地了解如何以入门级个体身份加入团队，并了解团队内的整个职业发展路径，包括所有级别、职责和期望。你有多条职业发展路径可供选择：一条是管理层路径（团队领导、初级经理、高级经理、执行经理等）；另一条是无须承担管理责任仍可发展进步的个体贡献者路径（顾问、高级顾问/管理经理、首席顾问等）。

## 小结

目前，人才情报领域存在着一种不平衡现象，即角色多、人才少。我们看到，一些人才情报领域的人才为了自身的进一步发展，会不断变换角色，或完全离开这一领域。为了解决这一问题，人才情报职能需要随着团队规模的扩大而提供更多的发展和成长机会，同时也需要更明确地提供职业规划和发展途径。作为一个行业，人才情报需要确保其在所有领域都引入多元化的背景，以寻求最大化的发展机会；确保建立健全清晰的职业规划；确保个体对如何成长和发展自己的职业生涯有清晰的认识。

作者寄语

- 创建清晰的 Y 形职业发展路径，清晰呈现其角色、规模和范围，让团队看到其职业前景。
- 作为内部团队，我们仍然在很大程度上依赖人才招募团队，将其作为人才情报职能的主要人才来源。我们希望挑战现状，在人才渠道中实现多元化。
- 在人才情报领域学到的技能具有很强的可迁移性和广泛的需求。你要以此作为职能的卖点，也要从职业规划和人才流出的角度，认识到其带来的风险。

# 第13章 企业的内部合作伙伴

建立人才情报能力可能会让人心生怯意，这很正常。本章我们将探讨企业内部有哪些团队可以利用，同时还将寻求更广泛的合作伙伴，与他们合作共创。

## 内部合作伙伴

企业内部有大量团队可以帮助和支持任何人才情报能力开发和功能建设。以下将深入介绍其中几个团队，但请不要局限于此。人才情报的魅力就在于其有巨大的试验和发展空间，大胆探索文中未提到的职能吧，以了解还有哪些合作和共创的空间。再次重申：在人才情报领域，你只受限于自己的想象力。

### 人力资源分析部门

如前所述，人力资源分析部门（HRA）是任何人才情报职能天然的办公场所或机构，甚至也可作为其团队总部，也可成为人力资源绝佳的合作伙伴和内部资源。

就其本质而言，人力资源分析部门对人才情报工作天生具有指导意义。其了解人才情报的主题，以及人才情报面临的挑战。通常，人力资源分析部门可以使用内部工具进行后端分析，成为人才情报项目的即时合作伙伴。此外，人力资源分析部门还拥有对这些数据进行报告、分析和预测所需的技术技能，能够提供人才情报职能目前缺乏的卓越能力（详见第 11 章）。

对于人力资源分析部门的产出，人才情报将有助于为其持续报告、分析和预测的许多关键指标提供背景信息。这些来自外部的背景信息极有价值，有助于产出更加全面和可靠的人力资源分析成果。因此，人才情报团队和人力资源分析团队不仅可以成为彼此的合作伙伴，还可以互为客户团队。

最后，还有数据治理和数据成熟度的因素。就其本质而言，人才情报是一个新领域，仍处于探索阶段。选择与善于处理此类敏感数据集的更成熟的职能部门合作，将真正有助于团队发展，并就其数据管理思维提出挑战性的问题。比如，数据战略是什么？收集的数据由谁负责？存储在哪里？如何处理和分析数据？关联分析结果存储在哪里？谁将使用数据？在哪里使用数据？为什么使用数据？这些都有助于确保你的人才情报产品建立在坚实的数据基础之上。

## 房地产部门

最有实力的合作伙伴团队之一是房地产部门，其掌握长远的选址规划和企业战略，参与组织内部高层的工作。房地产部门既能洞察当前产能管理和规划的痛点，又能洞察组织未来的发展方向，比如：

- 地点变化（例如，从高成本国家向低成本国家转移）；

- 从中央办公室文化转向以主要企业枢纽为中心、以卫星办公室为节点的辐射模式文化；
- 高度远程环境或混合工作环境。

无论你看到的未来工作和未来劳动力愿景如何，房地产部门都必须将这一愿景付诸实践。

房地产部门还拥有关于进入一个新地点的实际成本的精细数据，它有助于为任何人才情报分析提供依据，因为数据是描绘全局图景的又一要素。例如，从劳动力成本的角度来看，为节约成本而迁往新城市，对核心人才情报研究而言绝对是合理的，但如果迁入地的房地产价格是原址的五倍，那么从整体而言可能就缺乏合理性。同样，人才情报部门可能会建议实施全面的远程工作模式，但如果房地产部门发现基础设施不到位，无法以稳定的方式支持这一模式的规模化实现，那么从组织层面而言，上述建议就毫无意义。

人才情报部门可以通过与房地产部门合作找到以下问题的答案：

- 未来五年，企业地产的折旧情况、新建情况和扩建情况如何？
- 十年后，企业的生产足迹如何？
- 企业在混合工作环境中的足迹如何？

但是，上述问题一旦叠加人才情报信息，将如下所示：

- 未来五年内，企业寻求在哪些地方进行新建和扩建？鉴于市场和竞争对手形势，这种做法的可行性如何？
- 十年后，企业的生产足迹如何？鉴于自动化和劳动力的变化，制造业会有何变化？

- 在混合工作环境中，企业足迹如何？企业足迹将如何与目标候选人的资料结合？

## 财务部门

对人才情报团队而言，财务部门是一个经常被忽略的伙伴团队，它既能发挥巨大的作用，也是一个极有价值的盟友。

首先，在人才方面，财务部门将确定未来的方向和预算。这意味着，任何战略性的劳动力计划或劳动力市场可行性，都需要与该预算和计划保持一致，这样才有可能取得成功。尽管我们知道，劳动力规划应该是一项持续不断的计划活动，应着眼于未来，能洞察动向和挑战，但在现实中，此项活动通常是以项目为基础，围绕年度预算规划周期展开。财务部门通常会以自上而下的模式制定预算，将预算与企业目标相协调，然后再将其逆转为自下而上的模式，以满足各个团队或业务部门的人员需求。正如第 5 章所讨论的，这一自下而上的过程正是利用人才情报评估选址可行性的绝佳时机。更重要的是，这可以让人才情报在一个非常直接和战略性的层面上，以一种企业领导层既重视又理解的机制运行。这对于将人才情报职能定调为全面的劳动力市场上值得信赖的顾问，是极具价值的。

其次，值得注意的是，财务部门将集中存储所有相关数据。因此，在年度内制定地点战略、组织设计战略时，你应再次与财务部门联系，从财务角度了解你的人才情报建议应如何与企业战略保持一致。

最后，财务部门还是非常好的合作伙伴，人才情报团队可以与之合作，阐明各种问题陈述的可衡量商业影响。比如，合作之前的问题可以陈述为“某地点的流失率增加了 5%”。而当与财务部门合作，研究了劳动力生产率带来的损失或因未达目标而可能受到的客户处罚后，问题陈述则可变为：“某地点的流失率增加了 5%，这意味着劳动力生产率带来了 500 万美元的损失，并使我们面临因未达目标而被客户处罚 3000 万美元的潜在风险。”这种合作有助于将人才情报工作建立在领导层能够理解的可衡量影响和业务措施的基础之上。

## 薪酬与福利部门

薪酬与福利（C&B）是人才情报经常面临挑战的一个领域，但事实却并不必如此。薪酬与福利部门是人力资源部门的一个子职能部门，专门负责员工的薪酬、表彰、奖励和福利。这既包括直接报酬（员工工资和奖金），也包括更广泛的福利（长期激励、股票发行、奖金计划、育儿假、医疗保险等）。

从表面上看，薪酬与福利部门和人才情报部门应是天然的合作伙伴，但由于人才情报部门所掌握的薪酬数据和薪酬与福利部门实际使用的数据存在差异。这常常会给这两个部门带来挑战。

一般而言，人才情报团队会寻找接近实时的薪酬数据点，以反映可能影响其直接人才风险（无论是在人才吸引、招募还是流失率方面）的任何市场动向和竞争对手的薪酬变化。为此，大多数人才情报团队都会使用供应商提供的数据，但也会将其与公开报告和可公开获得的数据结合起来。这些数据可以是个体在论坛上自报的数据、调查中自报的数据、招聘网站上公布的数据、竞争对手网站上公布的数据、H-1B[①]签证申请中公布的数据等。但这种薪酬数据获取模式与大多数薪酬与福利团队形成了鲜明的对比，后者通常会购买大型数据基准公司提供的宏观薪酬基准报告。这些数据由公司报告，并经过严格验证。薪酬与福利团队会将这些数据与审查内部数据（如超出范围的邀约数量或因薪酬原因离职的候选人数量）结合使用，并使数据与其整体薪酬理念（如上四分位数、中四分位数、严重依赖基本工资、严重依赖奖金或股份等）保持一致，从而为未来特定时期的使用打下基础。

这意味着，内部的薪酬与福利理念与人才情报团队（和招聘团队）在市场上看到和感受到的往往存在冲突。这可能会带来潜在的挑战。

我建议尽早与薪酬与福利部门结盟，以统一不同的薪酬与福利数据观点，并利用快速变化的外部视角赋能薪酬与福利部门：

- 设计一个在市场上具有吸引力的薪酬理念，无论是工资还是整体福利方案；

---

① H-1B，美国签证的一种，指的是特殊专业人员/临时工作签证。——编者注

- 将你的薪酬与福利和竞争对手的进行基准比较；
- 围绕不断变化的候选人趋势（远程工作与现场工作的福利、股份与基本工资的偏好变化等），传递来自市场的声音。

但这一过程不是单向的。其间你可利用薪酬与福利部门的数据帮助人才情报团队调整和设置数据参数，以确保人才情报团队的建议符合企业的整体理念。此外，你还可以利用薪酬与福利部门的专业知识，来指导薪酬与福利建议，并为你在市场上看到的数据设置专业知识背景。

## 营销情报部门

正如我们在第 5 章中讨论“情报在线”时所说，营销情报部门可以成为一个非常有益的合作团队和内部资源。人才情报与营销情报不仅技能组合互补，而且产出、客户基础、商业思维，甚至研究跟踪和知识管理工具都极为相似。

研究跟踪和知识管理工具不容忽视，它们是助你扩大规模的基本要素。研究跟踪对于了解你的工作量、正在进行的工作，以及这些工作如何与你的客户群、衡量标准、目标、关键绩效指标，以及客户的关键绩效指标保持一致至关重要。当然你也可以从外部供应商那里购买适当的工具，但通常情况下，你需要先了解内部已有的工具。你应积极与其他基于情报的团队合作，了解其已有的工具，以及潜在的用途。通常，其他团队也会面临类似的挑战，建议你一开始即以整体视角考虑问题，积极寻求内部合作。

过去，笔者曾改造过候选人资源管理或协作项目管理系统，以便在整个团队中进行清晰的项目跟踪。只要能从工具中存储、跟踪和运行管理信息，在选择工具时你就应持开放的态度。

在知识管理方面，你要了解营销情报部门的现有情况。如果运气佳，那么你就会共享营销情报部门已设有的内容管理或知识管理系统，他们会允许你从人才情报的角度“即插即用”。如果没有，那你就要了解其围绕研究存储和共享正在开展的工作，了解是否有机会与其共同创建或改进产品。

## 人才招募部门

正如我们在第 7 章中所讨论的，人才招募部门可以成为人才情报的一个自然归宿，但正如我们所知，其也可以成为一个出色的合作团队和资源。在第 2 章中，我们就提及人类情报。与员工和应聘者交谈时产生的人类情报，蕴含着大量信息，但其利用率却极低。寻求与人才招募部门的同事合作，共同策划收集人类情报，已成为许多人才情报团队的秘密武器。

人才招募部门每天都在与来自竞争对手的候选人交谈。这些候选人了解竞争对手企业各个层面的情况：裁员、增长领域、薪酬变化、绩效考核结构、奖金发放期、技能组合变化、领导力挑战、角色或职权范围、规模或范围。人才招募部门有机会掌握上述所有信息。但最困难的部分是建立一个机制来捕捉这些情报，引导候选人汇总并讲述这些信息。这种机制应尽可能纳入标准化流程（如电话面试阶段的候选人资源管理或求职者跟踪系统），以确保情报是人才招募活动的天然副产品。

如果缺少此类机制，那你也不要气馁，不必立即将其构建起来。前期，你只需与人才招募部门的成员沟通，即可摘得“低垂的果实”，抓住成功的机会。如果你要了解特定地点的信息，就请与负责该地区市场的招聘专员交谈；如果你要深入了解特定职位类别，就请与负责该职位类别的招聘专员交谈，了解他们面临的挑战。比如，他们认为招聘的障碍是什么？竞争对手是什么样的？他们希望领导层做出哪些表态或改变，使招聘工作更加成功？仅仅通过与招聘专员交谈，倾听市场的声音，就能收集到如此丰富的情报，这简直令人惊叹。

人才招募不仅是扩展情报的重要来源，也是通向客户的绝佳资源。在考虑任何类型的人才情报轮岗计划时，人才招募团队也是一个极具互补性的合作伙伴团队。

所有这些都仅是冰山一角。探索内部职能，你就可以在人才管理、销售、产品设计、组织设计等领域发现交叉融合的思维空间。每项职能中都有可与之共事、向其学习或与其合作的专业知识要素。大胆去探索吧！

## 合作伙伴

现有供应商及合作伙伴是一个应重点研究且可向其寻求支持的资源。以下供应商及合作伙伴介绍并非详尽无遗，你可将其视为一个起点，让自己从人才情报的角度思考可能存在的关系类型，以及如何与之合作。

## 招聘流程外包组织

许多大型的招聘流程外包组织正着力扩展其人才情报能力。如果已有一家招聘流程外包组织可满足你的招聘需求，那么其将为你的组织建立一条清晰明确的人才情报能力发展之路。即使你选择的招聘流程外包组织能力不足，你也会有所收获。招聘流程外包组织的性质决定了它能够看到市场的方方面面，它对求职者看法、薪酬基准、市场定位等都有着惊人的洞察力。寻求与你的招聘流程外包组织建立真正的合作伙伴关系，并形成机制（如同与内部人才招募团队合作一样），定期、持续地获取其洞察力。

我们还看到，一些规模较大的招聘流程外包组织，希望利用其通过业务活动收集到的大型数据集，推出自己的人才情报产品和基准工具。这是一个有趣的发展，是对传统人才情报供应商的补充。招聘流程外包可以提供更接近实时的候选人情绪、渠道优化，以及研究目标人才管道的能力；人才情报供应商往往从更宏观的角度出发，将政府和全球的劳动力及经济数据与社会足迹数据相结合。二者综合，可提供绝佳的观察视角。

## 招聘广告合作伙伴

招聘广告合作伙伴不仅掌握关于你的招聘活动和成功率

的大量信息，而且与招聘流程外包组织类似，还能实时反映候选人情绪，具备渠道优化和研究目标人才管道的能力。你应与其积极地对话。一些大型招聘广告网站组织对活跃候选人的情况拥有最广阔的视野，其服务项下独有的信息类别，包括（但不限于以下方面）：

- 人才迁移意愿。例如，有多少在某市工作的软件开发人员正在寻找其他市的工作？这一数据很有意义，它是一个早期预测指标，而非在某员工已经迁移后才做出反应。
- 候选人愿望。人才市场上的候选人正在寻找何种工作？近期的典型例子是，许多候选人都在寻找“远程工作”或“混合工作”，具体情况与职位名称、技能和特定公司品牌有关。
- 候选人的行为和性格。候选人喜欢使用什么媒介（手机还是电脑）？候选人希望在一天中的什么时间申请职位？候选人会花多长时间阅读招聘广告？从本质上讲，这需要考虑候选人的角色定位。

这些数据本身是普适的，且一旦与其他数据集（如品牌认知、候选人认知、渠道转换指标、竞争对手情报、位置数据等）叠加，就会变得更加强大。

## 招聘机构

在人才情报生态系统中，招聘机构拥有独特的一席之地，通常掌握大量有关雇主品牌、候选人认知、候选人期望、薪酬基准、竞争对手动向、竞争对手增长等方面的信息。

这可能是一种比较敏感的合作关系，因为其更广泛的客户群可能是你的竞争对手。而且很多招聘机构并无固定的商业模式，你不一定能与其正式地建立人才情报合作关系。但如果有的招聘机构是你值得信赖的合作伙伴，那么我肯定会建议你与其沟通，探讨可以提供哪些支持及共创的机会。

## 营销和招聘营销伙伴机构

如果你的组织有招聘营销或雇主品牌团队，那么其很可能会有一整套合作伙伴和供应商信息供你参考。其中一些信息可能属于核心营销分析范畴，但也有诸如品牌认知（尤其是与候选人认知相叠加时）、渠道优化或转换指标、更广泛的社会经济数据或多样性数据等有用信息。

## 基准组织

你的企业可能已与一些组织合作，由其提供各种基准数据点。有的可能是围绕组织设计的广泛人力资源基准数据、特定职能基准数据（如人才招募基准组织），有的可能是薪酬和福利基准数据。你会发现，很多基准数据的使用都存在挑战和限制，但还是值得一探究竟。原因有二：一是，如果你能获得这些基准数据，它们本身就是无价之宝，是你可以利用的巨大资源。二是，通过这些基准数据，你可以向内部合作伙伴表明愿与其保持一致的意愿，并寻求在类似的空间开展工作。在统一目标和确定战略之前，这是初步进行开放式对话的绝佳方式。

## 人才情报供应商

你的核心人才情报供应商排在外部合作伙伴介绍的最后。在你寻求建立人才情报能力或人才情报职能的过程中，人才情报供应商绝对是你至关重要的合作伙伴。你应审视你的需求，与潜在的供应商沟通，明确需求和业务案例。人才情报供应商将助你建立数据框架，确保你能成功。人才情报供应商与各种人才情报团队合作，提供全方位服务。在了解任何特定阶段“好”的标准方面，人才情报供应商都将是你的无价之宝。你不要把它纯粹看作服务或数据提供商，它们是业内人才情报能力最强的企业，拥有最具创造与创新能力的人才情报人才。你要真正与其建立信任，建立关系，并寻求共生共建。

在此行业中，我们非常幸运地拥有一个渴望发展、合作和共创的供应商环境，这有利于内部职能部门成长、成熟和繁荣。在人才情报社区里，供应商常常忙得不可开交，它们参加人才情报社区小组，开办播客，撰写最佳实践白皮书，提供技术应用指南和人才情报成熟度模型，并为有需要者提供数据或支持，也积极参加各类小组讨论。

## 小结

公司内部和外部都有很多资源和合作伙伴，其有着共同的目标和愿景，且与你希望在人才情报产品中推动的目标和愿景一致。你应深入了解这些资源和合作伙伴，并积极寻求与其合作和共创。这将确保你拥有更强大的数据、产品和情报，同时也能为你的劳动力市场情报提供更全面的获取方法。

**作者寄语**

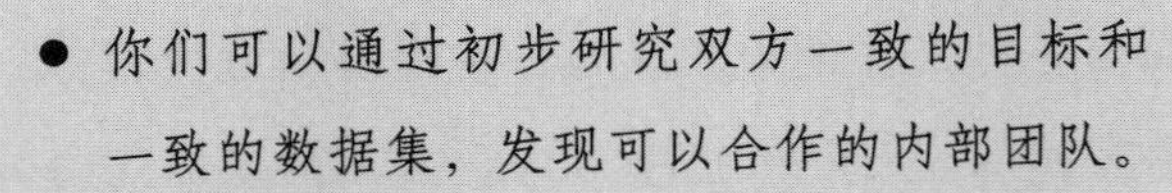

- 你们可以通过初步研究双方一致的目标和一致的数据集，发现可以合作的内部团队。

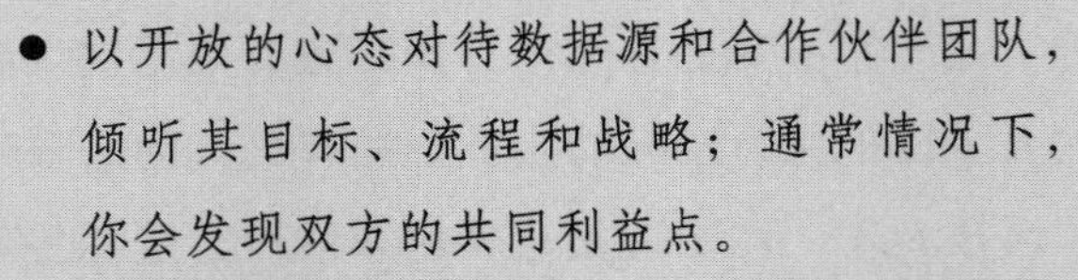

- 以开放的心态对待数据源和合作伙伴团队，倾听其目标、流程和战略；通常情况下，你会发现双方的共同利益点。
- 不要害怕与你的供应商沟通。他们很可能希望与你进行共创和研究，也可能尚未意识到，它掌握的数据对作为最终客户的你具有极大的价值。
- 感谢人才情报供应商的强大阵容，他们真正在助力塑造这个行业的未来。

# 第14章 人才情报案例研究

# 公司案例研究 1

Stratigens[①] 通过确定人才招募的新目标行业，将一家全球防务组织的人才库扩大了 88%。并且，相关数据已被该组织用于证明其能够获得履行政府合同所需的技能，从而为其竞标政府合同提供了支持。

## 客户

航空航天、国防和安全领域的全球 10 强企业之一，收入超过 100 亿欧元[②]。

## 客户问题

该组织拥有清晰的内部人才库、健全的人才管理战略、可行的早期职业计划、良好的领导力发展路径，以及对人才库缺口的清醒认识。但是，劳动力的老龄化和签订长期合同，意味着该组织的高级工程人才库在履行现有合同方面存在真正的缺口。组织中的新入职人才与资深人才之间的平衡将很快迎来挑战。因此，该组织迫切需要了解其现有的人才库，

① 一家人才情报职能平台。——编者注
② 欧元，欧洲货币单位，1 欧元 ≈ 7.7014 元人民币（按本书编辑时 2024 年 7 月初汇率）。——编者注

确定是否有合适地点可用于建立工程人才区域中心，以便在竞争激烈的市场中吸引并留住这些经验丰富的高级工程人才。该组织还需要证明其技能供应的连续性，以赢得政府合同。

**解决方案**

Stratigens 确定了英国高级工程人才（拥有 10~15 年经验）的总体储备情况，并将他们按化学工程师和结构工程师等特定技能类型进行了划分。

**具体方法**

Stratigens 在英国所有的工程人才库中找出并分析了 39 种特定技能。作为补充，Stratigens 的数据科学团队还确定了这些人才之前和现在的行业、之前和现在的公司及其毕业院校。

**显著成果**

Stratigens 提供的数据显示，该组织整体人才库中 41% 的人才都在当前地点的可通勤距离之内。因此，其无须建立新的区域中心。此决定为该组织节省了数百万欧元的建设费用。Stratigens 基于技能的分析结果显示，该组织人才库的 88% 不属于国防行业。根据其现有模式，该组织只能使用其人才库的 5%。Stratigens 为该组织打开了一个千人级人才库，扩大了该组织的人才视野。Stratigens 的分析结果为该组织确定了新的人才招募目标行业。有关未来人才供应的数据已被该组织用于其参加的政府合同竞标之中。对人才供需的深入洞察已助力该组织通过证明其技能供应的连续性，赢得了新的重大合同。

# 公司案例研究 2

这是一家拥有 5000 多名员工的技术工程企业，Stratigens 助其为软件工程师的工作地选址。Stratigens 的数据为该企业的房地产战略提供了依据，确保其能在正确的地点获得稀缺的技能人才。

## 客户

客户是一家领先的技术工程企业，在英国、美国和澳大利亚设有办事处，拥有 5000 多名员工。

## 客户问题

该企业通过收购不断发展壮大，在全球拥有多个不同的办公地点，其软件工程师团队分散在各处。该企业计划大幅扩大软件工程师团队，首席人力资源官希望了解企业应在美国的哪些地方选址扩建，以优化人才的可用性及成本。该企业现有两个意向地点，需要了解每个地点的软件工程师人才市场，以便为房地产决策提供依据。

## 解决方案

该企业使用 Stratigens 搜索与以上两个地点有关的信息，寻找位于可通勤范围内的软件工程师人才，查看供需情况等人才市场关键数据，以及有助于做出选址决策的其他因素。Stratigens 提供的数据包括技能可用性、技能竞争，以及该企业将与哪些组织竞争同一技能人才。此外，Stratigens 还提供其他与地点相关的数据，如生活成本、交通、基础设施，以及在某地开展业务的难易程度。综合这些信息，以推荐最佳地点。该企业可以看到每个地点各有多少软件工程师、各行业市场的分布比例，以及每个地区对软件工程师的实际需求。此外，该企业还可以看到当前其他公司为吸引此类人才而发布的薪酬。

### 显著成果

Stratigens 的分析结果显示，从该企业目前的办事处列表来看，与其他地点相比，某地点对软件工程人才的竞争力明显较弱。这一信息为该企业的战略选择提供了依据，节省了招聘成本，并确保其能在正确的地点吸引到所需人才。更重要的是，该企业看到了市场规模的微小程度，并将这一数据纳入其战略思考，以确定如何最大限度地利用这两处市场。

## 公司案例研究 3

Stratigens 帮助一家拥有 80 000 名员工的全球性快速消费品公司确定新的人才来源，使其业务从“企业对企业”环境过渡到“企业对消费者”环境。有关四个城市的数据，包括人才供求、商业风险和商业地产成本，使他们能够明智地进入市场。

### 客户

这是一家全球快速消费品企业，旗下拥有约 50 个品牌，在 55 个国家拥有 80 000 多名员工，每天为宠物提供营养和健康服务。

### 客户问题

这家全球快速消费品企业习惯于在“企业对企业”的模

式下运营，多年来其在这种模式下一直保持着成功。当前，技术变革、市场全球化加剧、消费者特征持续变化，以及消费者新颖的购买方式频出，这些都成为影响这家企业的颠覆性力量。企业的变革步伐在不断加快。

因此，企业需要开始与消费者直接互动。这一变化意味着企业需要吸引和留住新型人才，但其之前从未有过对此类人才的需求。这类人才需要的新技能之一就是数字营销。作为一家传统的快速消费品企业，其客户现有的场所均以制造业为基础，而且所处位置也适合其“企业对企业”的传统模式。

该企业的人力资源和战略总监清楚，要想在这个新的人才市场上具有竞争力，延续传统做法是错误的选择。他们希望放眼全球，想了解旧金山、香港、巴黎和伦敦四个地区人才市场中的人才供需情况、进入各个市场的影响、数字营销的人才吸引因素，以及这四地市场采用的人才模式。

**解决方案**

该企业使用 Stratigens 查询各地有多少数字营销人才、雇用此类人才的行业，以及每个城市的实际需求（包括对长期职位和自由职业职位的需求）。此外，该企业还能了解到其他公司为吸引此类人才而发布的薪资广告，以及各城市的人力资源环境、商业风险、经商难易程度和商业地产成本的关键数据。该企业能将人才数据与关键财务指标结合起来，以了解在每个城市建立团队的成本，以及与每个城市相关的风险和关键财务指标。

**显著成果**

该企业客户第一次能够在人力资源、人才和财务数据齐备的情况下迅速做出决策。其直接结果是，客户根据数字营销人员的供需比，明确区分了四个地点。通常情况下，研究团队需要 21~30 天才能完成此类项目，而 Stratigens 仅在几秒钟内就为客户提供了答案，使其能够明智地进入市场，并在人才招募方面领先一步。同时，客户决定将采取积极主动的方法应对影响其业务发展的颠覆性力量。

## 公司案例研究 4

Stratigens 为一家全球防务企业的雇主品牌战略提供信息支持，该企业希望其高级人才的覆盖范围超过其直接竞争对手。Stratigens 在传统人才库之外发现了具有精益（lean）生产经验的人才来源。

**客户**

客户是一家市场领先的防务企业，为众多领先的防务和航天企业及国家政府提供最先进的保护和安全解决方案。

**客户问题**

一位来自不同行业的新任集团运营总监，希望了解其西南部工厂附近的高级运营人才情况。从历史上看，运营人才都拥有国防背景，并大多就职于竞争对手的企业。我们的客户意识到，其处于一个高产量、低利润的运营环境。企业需要一流的精益生产经验。

**解决方案**

该企业使用 Stratigens 进行高水平的搜索，以查看该地附近高级运营人才的数量。此外，他们还能查看对此类人才的需求，从而了解市场竞争的激烈程度，以及为具有此类经验的人才提供的薪资水平。重要的是，该企业还能够确定目前雇用此类人才的行业。

**显著成果**

该企业通过数据了解了市场竞争的激烈程度，知道自己需要做些什么来争夺一流人才。更重要的是，集团运营总监能够使用相关数据说明，所需的人才来自多个不同的行业，如果将吸引人才的范围局限于国防和航天工业，就会严重限制企业的人才储备和人才经验。

## 公司案例研究 5

Stratigens 通过对早期职业人才的深入了解，为一家全球工程咨询公司避免了因选址不当而造成的损失。通过在一个小时内分析 1300 个数据源和 150 万份档案，Stratigens 帮助该企业节省了数百万美元的房地产投资。

**客户**

客户是一家全球工程咨询企业，拥有 3000 多名涉及各行各业的顾问。

**客户问题**

该企业正在为其客户制作一份关于英国工程人才的报告。其客户希望知道应该在英国哪里建立一个工程师区域中心。该企业需要了解市场规模、工程师热点地区，以及工程师人才来自哪些大学。其所面临的挑战是，这些数据来自成千上万个不同来源，而且是非结构化的格式，为其客户制作报告既费时又费钱。

**解决方案**

该企业使用 Stratigens 制作出一份报告，其中显示了各地区的热点、工程师经验水平，以及工程人才的早期职业储备。该企业使用 Stratigens 扫描了 1300 多个不同的数据源和 150 多万份英国工程资料，仅用不到一个小时的时间就生成了这些数据。Stratigens 以高度可视化的方式生成可用数据，供企业将数据导入报告中使用。

**显著成果**

该企业能够在一周内为其最终客户编制出一份报告，且成本对双方而言均可接受。通过研究从 Stratigens 获得的数据，该企业自信地声明，没有一个工程人才热点地区能够满足其客户的大部分需求。因此，该企业建议其客户以不同的内部人才管理方法为基础，并基于现有地点为人才选址。此举为其客户节省了数百万英镑的新地点建设费用。

## 公司案例研究 6

**客户**

客户是一家跨国能源公司，致力于实现低碳和净零目标。要实现这一宏伟目标，他们需要进行全面的业务转型，包括技能转型，其中一个重要部分就是建立一支更加多元化的员工队伍。

### 客户问题

与许多组织一样，客户在实现多样性这一目标方面也面临挑战，而多样性滋养着该组织的文化目标和包容性目标。多样性是首席执行官的首要任务，客户希望根据外部人才市场来衡量其组织构成。

了解其内部和外部可用性的多样性（在技能层面），将有助于客户确定其应在哪些方面集中精力，以实现企业层面更大的多样性。

客户希望向董事会提出建议，以数据为导向制定未来的多样性目标。

### 解决方案

客户利用 Stratigens 提供的专有数据和分析结果，针对一系列关键职位类别，分析了美国、英国和欧洲大陆外部技能人群的多样性。Stratigens 团队根据客户内部系统提取技能和多样性数据，并将其映射到客户特定的日常技能和职位类别。这些数据与客户的等级、级别和领导人群进行了相应的映射。他们提取和分析的数据集包括 3.5 亿余份档案。

外部市场的等级映射不仅包括经验和技能，还包括公司规模，以确保所有数据都与客户背景相关。为确保项目按计划进行，Stratigens 数据团队每周与客户的内部数据团队举行会议。

### 显著成果

为了支持客户的包容性招聘战略，内部数据分析团队利用 Stratigens 数据为首席执行官、业务领导和人才招募团队生成了一个仪表板。该仪表板清晰地显示了客户按等级、工作类别和地点划分的内部员工及其性别和种族，并与可用的外部员工数据（也按等级、工作类别和地点划分）进行了对比。该仪表板还显示了按申请人阶段和招聘经理筛选的候选人。两种方式均按性别和种族进行了候选人分类。

持续更新的 Stratigens 数据（每六个月更新一次），为高级领导团队提供最新的多样性视角。客户将这些数据与其内部的人才数据结合起来进行情景建模。基于通过包容性招聘匹配市场，内部数据分析团队能够为公司 2022—2030 年的多样化战略建模。

## 公司案例研究 7

Stratigens 为客户分析了稀缺和特殊技能人才的情况。这项工作为该企业确定了主要的新人才群体，并确定了至少 20 个人才来源渠道。现在，该企业对未来人才有了清晰的认识，并确定了提供内部再培训的机会。

### 客户问题

这家英国领先的广播和公用基础设施企业，在招聘足够的工程师以满足其不断增长和发展的业务需求方面，面临着挑战。在人才供应稀缺的情况下，招聘经理往往会寻求承包商提供的昂贵服务来弥补人才缺口。

首席人事官希望了解英国工程师的人才状况，以帮助满足其人才供应需求。客户希望了解经验丰富的工程师的构成、工作地点和就业偏好，以便找出技能差距。客户还希望通过人才情报为未来的人才规划提供全新视角，为技能发展提供依据。

**解决方案**

通过使用 Stratigens，我们按六种特定的技能组合确定了潜在的工程师人才库。我们提供了英国各地区人才供应的全面情况，以及有关这些技能的最大行业和公司雇主的情报。

然后，我们通过探索人才的原始来源，包括教育程度、工作地点和毕业后的第一份工作，来了解早期职业发展路径，从而确定未来的人才来源。我们还报告了与客户争夺这些人才的企业有哪些。

我们发现，六种特定的利基技能组合之间的供需存在差异，有些技能组合极为罕见。在某些情况下，我们发现只有不到 10 个人具备企业所需的特定混合技能。尽管人才格局分散，但我们发现，公司 48% 的紧缺技能属于某一特定行业。

Stratigens 提供的事实对我们长期以来的一些观念提出了挑战，让我们看到了以前被忽略或根本没有考虑过的选择。我们对职位招聘方式和地点所做的微小改变大大提高了候选人的质量，而这些数据也让我们对投资方向充满信心，特别是对我们购买与构建的决策充满信心。通过这些数据，人事职能部门和企业领导之间的对话更深入，并在企业内部招聘和培养人才的过程和方法中建立了信任和默契。

首席人事官

### 显著成果

来自 Stratigens 的数据被用于为企业提供信息，帮助其了解如何以最佳方式缩小资源能力差距。得益于对全英国的人才供需情况更好的了解，人力资源团队可以确定潜在的外部人才来源，并将内部发展路径导向需要通过技能提升来发展的专业能力。

通过了解类似和相关行业的第二波目标技能，企业得以挖掘新的潜在人才来源。我们的分析包括教育背景和代沟，再次确认了使用现代学徒制，作为培养特定技能的长期战略。

我们的客户正在招聘相对稀缺、难以找到的技能人才。具备这些技能的人才活跃在 20 多个社交渠道上，包括一些鲜为人知的小众平台。Stratigens 提供的见解包括关于人才招募团队如何以及在何处寻访的建议。

## 公司案例研究 8

在 Stratigens 的帮助下，人才情报职能通过提供战略性劳动力市场数据，支持高层领导团队就企业不断增长的业务，做出相关技能供应和地点选择的明智决策。

### 客户问题

在一家拥有 40 000 名员工的企业中，人才情报部门只是一个小团队。因此，为了开展研究，技术平台发挥了重要作用。我们的客户一直在使用 Stratigens 作为其数据来源之一，以助力领导层做出重大业务决策，例如，如何获取利基技能，以及将其全球服务中心设在何处。

我们的客户在设立该职能部门时面临的挑战之一，就是鼓励高层领导团队关注人才数据，并让其以不同的方式思考人才及其背后的数据。自该职能创建以来，高层领导团队对人才情报的看法已经发生了显著变化。

过去，领导团队可能会寻求人才情报团队来验证已经做出的决策，而现在，企业在人才情报之旅的开始阶段就会寻求人才情报信息。业务发展的目标之一，是让数据更深入地融入日常决策中。

数据优先正在成为常态，我们应将人才情报运用于项目上游而非在下游确认已做出的决策。早期，企业曾遇到一个地点分析问题，但我们在情报研究完成之前就已做出决定。企业选择的地点在情报成果名单上仅排第三或第四。时至2021 年，我们的运作方式大为不同，我们与 Stratigens 合作，积极主动地为选址战略提供指导。

## 解决方案

人才情报部门利用 Stratigens 定期编制报告，为长期人才战略提供信息支撑。其劳动力市场报告包括对七个关键职位类别的分析，概述了其中的关键角色、人才供需数据、高水平人才成本和高水平人才的多样性衡量标准。

报告就重点关注的领域提供指导，针对远程工作和连接性等热点话题收集数据，还为开展未来规划对话打下基础——不仅是年度规划，而是从人才角度定义的长期时间跨度。

报告在财政年度第一季度末发布，以便高层领导团队和工作组能够审查数据，为第二季度末的预算讨论制订计划。

作为一名数据人员，我认为能够查看数据并进行比较以发现趋势非常重要。当这些数据汇集在一起时，我就能得到一幅非常清晰的画面，并将其合并成一份报告。高级团队非常欣赏人才情报部门的工作，因为我们提供的信息正是他们需要却尚未掌握的。

全球人才情报经理

## 显著成果

为我们的客户编制的报告提高了人才情报工作的水平，高层领导团队越来越多地要求对数据进行更深入的挖掘。技术、创新和管理职能部门与领导层的对话表明，他们渴望获得人才情报数据及其价值。

人才情报职能与其他人力资源、人力资本分析和人才招募等高层团队合作，以外部视角展示一个联合的画面。下一步，人才情报职能将帮助领导层和人才团队审视竞争性人才情报等正在发生的、可能影响人才决策的人才趋势。

未来，全球人才情报经理希望有更多的“仪表板”和自助服务，以便员工浏览并操作实时的人才情报数据。此外，一旦企业拥有了回顾历史和展望未来的数据基础，他们就能更有预见性地发现未来趋势。

在这家医疗技术公司，人才情报确保了所有人才决策都有坚实的数据基础。人才情报职能虽然只是一个小团队，但却通过外部人才视角为高层领导团队提供了宝贵的信息。

我们之所以选择 Stratigens，是因为其对全球劳动力的工作和技能有独到的见解。Stratigens 对技能和地点分析的整体看法，给我们留下了深刻印象。通过使用 Stratigens，我们能够获得高质量、有针对性的数据，帮助我们做出适用于当前和未来的人才战略决策。例如，我们正在使用该平台进行地点分析，以确定最佳地点来寻找特定的急需人才，并提供竞争和市场情报。

全球人才情报经理

# 第15章

# “好”是什么样子？

当开始撰写此书并考虑章节标题时，笔者想在其中加入一章，用于为人才情报及其成果设定一个“好”的基准，但根本不存在“好”。正如第 8 章所讨论的，我确实相信有一个可以作为目标的成熟度模型，但本质上，此刻你眼中的“好”与其他人眼中的“好”非常不同，甚至与 6 个月或 12 个月后你眼中的“好”也差别巨大。

“好”的产出，这也是我管理人才情报团队时的一个反思。在所有团队中，人们都希望团队的产出能够实现“可定制的标准化”。无论团队中谁做报告，无论针对哪个地区、哪个客户群、哪个业务领域，报告的风格都应该是一样的。当然，我希望报告能根据客户的需求量身定制，但团队的品牌应该保持不变；工作标准应该保持高水平，产品质量应该保持高品质，让任何领导都能一眼识别出我们的工作成果。

这让我们开始思考人才情报团队、产出、“好”以及这种“可定制的标准化”方法的成功程度。总体而言，我对这种方法很满意，认为它确实让团队取得了更好的成绩。但我也深刻体会到了一点，人才情报咨询就像烹饪，而顾问就像厨师。如果你找来 10 位厨师，给他们同样的食材，要求他们做出同样的菜肴，那么你最终仍会得到 10 道不同的菜肴。所有的菜肴都遵循相似的准备、方法和烹饪过程，但最终的色香味仍会有很大区别。这是因为厨师们的经验水平、烹饪类别、个人天赋和烹饪技能各不相同。这与我从出色的人才情报顾问身上看到的情况非常相似。他们采用相同的数据，但每个人利用其个人经验、天赋和能力，以独特的方式对数据进行加工、研究和分析，最终会产出截然不同的产品。

当然，你可以锁定配料表、食谱和烹饪流程，并制定一份逐步操作的指南，要求厨师们严格遵守指南，以便生产出更加一致的产品。虽然菜肴在一致性上有所提升，但却不如厨师自由发挥做出的菜肴可口。同样，在人才情报方面也是如此。你可以锁定数据集、锁定项目输入，为特定类型的项目创建逐步执行的指南，并产出非常一致的产品，但员工的创造力、好奇心和天赋将会被抹杀。我强烈建议你保持这种创造力、好奇心和天赋。

要想扩大人才情报团队的规模，你就必须将工作植根于影响力中，了解你的组织所面临的挑战，发现痛点，真正把人才情报工作与最关键、最有影响力的工作联系起来。如果无法定位工作内容，那你就应寻求与合作伙伴团队（尤其是财务部门）合作，研究如何重构当前工作才能最有效地展示影响力。你要明确你的职责所在：你的愿景、使命和目标是什么？你的工作是否有助于实现这些目标？如果你的目标是提供信息，那么仅仅以快速高效的方式提供人才情报信息就是成功和“好”的。如果你的目标是解决问题，那么回顾一下已完成的工作，核实相关问题是否真正得到了解决。如果是，那么恭喜你，你得到了“好”的结果。如果你希望创建一个向高层领导提出建议的职能，那么请总结你已经完成了哪些工作，提出或被采纳了多少条建议，这将为你提供“好”的基准。

# 企业基准案例研究

因此，尽管“好”是非常主观的，但拥有某种基准以了解发展情况以及在行业中所处的地位，是非常有效和管用的。基准就如同沙滩上的一条线、夜空的北极星或一个参照点。因此，我认为有必要研究一些正在开展人才情报工作的组织，了解它们的构建方式、提供的服务及其“好”的方面。本节不可能涉及所有的人才情报组织，但仍可开展一些有意义的对比。本着人才情报的精神，我采用开源情报（OSINT）方法撰写本节，除非注明了贡献者的姓名，否则所采用的都是现成的公开信息。与任何开源情报活动一样，开源信息仅提供方向性指导，并具有公开数据的所有缺陷，我始终建议在可能的情况下与原始资料进行交叉验证。

## 亚马逊网络服务

亚马逊网络服务是亚马逊的子公司，提供按需云计算平台。亚马逊网络服务全球人才情报团队专注于为亚马逊网络服务全球的技术和非技术职位制定数据驱动的招聘战略。全球人才情报团队实施区域人才情报计划和全球计划，提高招聘漏斗顶部的效率。该团队为亚马逊网络服务内的多个业务线和职能领域提供支持，并为市场研究、竞争对手情报和人才地图绘制工作提供战略指导。

全球人才情报团队还将与雇主品牌、学习与发展、多样化、劳动力战略和其他人力资源团队合作，为亚马逊网络服务的选址战略、多样化人才招募战略提供支持，并助力构建人才计划。

亚马逊网络服务全球人才情报团队设置在其人才招募部门之下，其使命是利用研究、洞察力和计划管理工具，加快寻找各种背景候选人的进程，使亚马逊网络服务公司人才招募团队能够实现其战略目标。全球人才情报团队还致力于帮助亚马逊网络服务业务合作伙伴做出明智的人才决策。

全球人才情报团队全球计划旨在通过研究活动和人才情报，赋能招聘专员和人才寻访人员的能力，以成为亚马逊网络服务人才招募的倍增器。该计划还将制定高效的人才战略，为支持亚马逊网络服务的未来发展培养人才。

本节利用公开信息撰写，这些信息来自亚马逊网络服务劳动力规划研究与科学部全球人才情报主管的招聘启事，以及商业情报工程师、高级人才情报主管和战略项目经理等的招聘启事。

## 自动数据处理

自动数据处理（Automatic Data Processing）是美国一家人力资源管理软件和服务提供商，拥有 58 000 名员工，营业收入达 145.9 亿美元。自动数据处理的人力资源创新和分析团队负责利用科学、技术和人类情报改造人力资源。自动数据处理致力于提高数据驱动的洞察力，协助领导者做出更好的人事决策，努力通过改善业务成果或更好的员工体验来增加价值。

自动数据处理最近（本书出版之时）正在招聘一名人才情报主管，以利用外部劳动力市场数据、内部数据和研究成果为人才和招聘战略提供信息。自动数据处理预计，该职位将直接与整个组织的高管和招聘负责人合作，为其提供有关人才趋势和市场数据的信息，从而对企业的全球业务决策产生积极影响。

从该职位所列出的职责中，我们可以看到团队的一些核心活动非常广泛，但他们真正的重点是创建一个以竞争对手情报为核心的具有商业意识的职能。该职能的任务是为多个地区的各种职位和业务领域开展人才情报、市场调研和分析。这一职能被赋予战略意义，为人才趋势和未来工作提供情报和思想领导力。围绕核心人力资本管理和技术领域的竞争对手情报是一个关键的责任领域，也是人力资源职能中人才情报真正具有优势的领域。竞争对手情报的任务还包括深入研究竞争对手的情况，以了解一流的竞争对手、新兴的利基参与者、战略威胁，以及与吸引、培养和留住人才的能力有关的未来机遇。我们将再次看到，在了解竞争对手的同时，人才招募和招聘领导也希望通过创建“竞争对决卡”来获得竞争优势，从而在不同地区和不同职位类型的人才市场竞争中获胜。

本部分利用招聘启事中的公开信息撰写。

## 荷兰皇家飞利浦

荷兰皇家飞利浦（飞利浦）是位于荷兰的一家科技公司，其于1891年在荷兰埃因霍温成立，拥有80 000名员工[①]，营业额达172亿欧元。

2016年，飞利浦的人才招募团队发现，其业务利益相关者越来越多地要求他们以更具商业头脑的方式审视竞争对手、技能和劳动力市场数据。作为一家企业，飞利浦正从一家消费品制造企业转向一家健康科技集团，但其房地产足迹、员工价值主张、技能和业务起初并非为这一根本性变化而设计的。业务领导者以及人力资源领导者，希望其人才招募团队提供推动这一变革所需的数据、洞察力和情报，并于2016年6月成立了人才情报职能部门。

飞利浦希望通过三种主要方式来实现这一目标。

首先，影响决策流程，控制内部人才需求，而非仅仅寻求外部供给侧的支持。这主要通过两种方式实现：一是增加人才情报咨询力度，以影响整个组织的决策；二是创建劳动力建模工具，为相关决策者提供规模化自助服务。

其次，重要的是，要提高人才的竞争力，赋予招聘专员其所需的来自飞利浦和人才竞争对手的双向洞察力，以便在职业对话中阐明飞利浦及其员工价值主张的市场定位。为此，飞利浦启动了一项计划，制作了许多竞争对手的高价值目标

① 基于飞利浦2023年年度报告，其在2023年约有69 700名员工。——编者注

竞争对决卡，使招聘专员能够随时掌握洞察力，吸引目标竞争对手的关键技能员工。

最后，对目标候选人群体进行了更深入的研究，并围绕这些群体创建了“角色”，带来了更深层次的招聘营销分析和洞察。

这些措施为飞利浦带来了一些极具影响力的成果。其中包括，仅在 2019 年，他们就通过有效的业务运营外包，为企业节省了 1050 万欧元。得益于“竞争对决卡”计划，飞利浦软件工程部门的所有新雇用者中，有 26% 来自那些被列为高价值目标的公司。最终，内部人才情报咨询团队产生的财务影响估计为 9.53 亿欧元，规避外部成本 300 万欧元。

## 金百利克拉克

金百利克拉克（Kimberly-Clark）是一家快速消费品公司，拥有 46 000 名员工，营业额达 190 亿美元（2021 年）。

金百利克拉克的人才情报部门致力于收集和分析有关地区劳动力市场、竞争对手和商业惯例的市场数据，利用这些信息为企业在市场上获得顶尖人才提供竞争优势。然后，金百利克拉克利用这些信息来影响和指导业务决策和战略，以及地区和当地的人才招募吸引战略。

该人才情报部门典型的服务包括考察选址的可行性、劳动力市场、薪酬标准、已安置人才的质量、波动性等。他们试图通过市场调研选择竞争对手的高价值目标公司，同时进行差距分析，以了解金百利克拉克与竞争对手的差距；会关注人才流动，以及特定市场、业务或职能领域的企业信息更新；会研究更宏观的劳动力市场趋势、招聘稀缺性、人才流动，以及人才竞争对手可能经历的任何形式的合并、收购、裁员或重组。

本节内容利用区域人才情报主管招聘启事中的公开信息及金百利克拉克公司网站上的信息撰写。

## 微软

微软全球人才情报的使命，是吸引和聘用能为企业增添力量的人才。全球人才情报在实现微软文化的承诺方面发挥着至关重要的作用，并最终通过招聘方式和招聘对象为世界带来改变。全球人才情报的人才情报职能部门为微软的招聘工作提供卓越服务，被全球人才情报视为研究和分析外部人才状况的权威来源。该人才情报职能部门与企业内的业务部门、地区部门、职能部门或市场部门合作，制定全球性的跨公司人才战略，重点解决关键人才需求，最大限度地利用新兴机会，并应对人才市场的变化。

该团队致力于为微软的人才战略提供支持，其主要任务之一是研究微软历年的战略和招聘目标，并利用内部跨业务数据和外部劳动力市场数据提供见解和趋势信息，以帮助指导这些战略和目标。竞争对手的情报也很关键，特别是与人才竞争相关的情报，以及介绍如何建立人才梯队的情报。该团队还与整个组织密切合作，研究微软的人才战略，重点关注关键技术或领导人才缺口。

本节内容利用微软人才情报总监招聘启事中的公开信息创建。

## 元宇宙

元宇宙（Meta）的前身是脸书（Facebook），是一家拥有 80 000 名员工、企业年收入达 1180 亿美元的科技巨头。

元宇宙公司的全球人才情报团队与公司积极的人才发展战略紧密结合。该团队的主要目标是为招聘部门设计战略，以寻找和聘用全球最优秀的员工，并实现多样性目标。

该团队寻求建立一种规模化的方法，以实现战略差异化和招聘团队的高效力，专注于利用数据和劳动力市场研究来解决业务问题，为其核心客户（全球招聘部门）提供正确的招聘成果支持。该团队非常清楚，招聘工作不是孤立的，需要与包括人力资本分析在内的更广泛的利益相关者合作，以确保与整个组织的优先事项和计划保持一致。

该团队的典型活动类型可能包括人才库分析、地点评估、竞争对手分析或多样性洞察。

本部分利用元宇宙亚太地区人才情报分析师和业务分析师的招聘信息，以及元宇宙公司网站上的公开信息撰写。

## 谷歌

谷歌是一家拥有 140 000 名员工、营业额达 2567 亿美元的科技巨头。谷歌的人才情报团队名为人才情报与洞察力团队（Talent Intelligence & Insight steam）。该团队隶属于职能更广泛的人事运营部门，其座右铭是“发现人才、培养人才、留住人才”。在招聘、开发、广泛的人力资源，以及其他职能中，谷歌都寻求应用数据驱动的方法。

谷歌是一家由建设者和问题解决者组成的公司，其人才情报与洞察力团队也不例外。人才情报与洞察力团队希望其每名成员都能利用分析、市场研究和情报来解决复杂的难题，并创建和提供预测性见解，帮助客户做出最佳的人才决策。

人才规划是人才情报与洞察力团队的核心，人才情报与洞察力团队寻求与利益相关者合作，为全球人才规划和情报项目设计和实施高效的、以结果为导向的研究战略。

谷歌认为，人才情报的力量应比招聘或人力资源更强大。人才情报的核心职责是与招聘领导、人力资源伙伴、广泛的谷歌高管和其他业务领导建立咨询合作伙伴关系，以准确把握业务和招聘活动的脉动。

本节内容根据谷歌（新加坡）人才情报与洞察全球人才顾问的招聘启事中的公开信息撰写。

## 思爱普

本节内容基于思爱普（SAP）人才情报全球主管特蕾莎·威克斯的见解和意见创作。

思爱普是一家德国科技巨头，拥有 10 万多名员工，营业额达 280 亿欧元，主要生产用于管理业务运营和客户关系的企业软件。

思爱普全球人才情报团队是其全球人才招募组织下的一

个新的战略支柱。该团队积极制定人才吸引与保留战略，提供市场情报和人才洞察，旨在使思爱普能够在聘用最佳人才方面持续保持领先地位，并为业务部门制定劳动力决策提供支持。

该团队寻求使用人才洞察力和值得信赖的顾问关系，指导企业领导和人力资源领导做出更明智的劳动力决策。该团队还寻求与业务和成果保持密切联系。尤其是，该团队寻求通过制订和部署与区域指令相一致的战略人才吸引计划，承担了除早期人才之外的所有候选人推荐责任。这包括在已确定的技能领域建立、吸引和培养人才梯队，以确保在出现招聘需求时有一个“随时可用”的人才库。思爱普的人才情报部门还负责外部继任管理，并定期向董事会展示和安排这些人才的社交活动。这是一种多渠道、多方面的参与方式，可同时使用线上和线下机制，如领英、候选人资源管理、聚会、联谊、会议等。

该团队的另一个关键领域是市场情报，主要分析竞争对手在一系列人才变量方面的活动，以帮助创建内容和主张，使思爱普在招聘人才时处于有利地位，并对企业进行教育。

本节内容还借鉴了人才情报顾问、人才情报实习生顾问、人才情报区域顾问（欧洲、中东和非洲）和高级人才情报顾问的招聘启事中的公开信息。

## 史赛克

史赛克（Stryker）是一家总部位于美国、拥有 46 000 名员工、营业额达170亿美元的医疗技术公司。

史赛克的人才情报团队向人才招募创新高级经理报告。该团队的主要职责是开展人才市场研究，为史赛克的人才战略提供依据。该团队有两个核心支柱：一是劳动力市场研究与竞争对手情报，二是人才分析能力与开发。

在劳动力市场研究和竞争对手情报部门，人才情报团队将与人力资源、人才吸引和核心人才招募团队合作，通过数据分析和洞察力来制定人才战略。人才情报团队将负责绘制全球人才供需图，以评估史赛克的竞争地位，并确定关键职能或市场区域的高价值人才来源。从沟通的角度来看，人才情报团队需要研究行业趋势、市场信息（包括人才迁移）、竞争对手情报，并在每月 / 每季 / 每年的劳动力市场洞察中，与人才招募部门和企业的利益相关者分享有价值的发现。

在人才分析能力与开发方面，人才情报团队寻求建立可扩展的自助服务解决方案，利用内部和外部数据集，与整个人力资源部门的报告和分析战略保持一致。

本节内容利用人才情报副经理招聘启事中的公开信息撰写。

## 卓越数据

本部分由卓越数据（Salience Data）公司首席数字官兼联合创始人巴里·赫德（Barry Hurd）完成，特此致谢。

**您的团队是何时、出于何种原因成立的？**

我们之所以专注于研究竞争性人才生态系统发展与维护

的基本要素，是因为我们团队曾成功推出多款人才产品，为数百家招聘组织成功解决组织问题。我们深知打造最好的产品首先要拥有最好的团队。我们团队成立于 2016 年，旨在顺应数字创新趋势，创建新的商业模式和高增长型团队结构。当前，各类初创企业和公司生态系统都陷入了一个循环，即在项目的错误阶段雇用了错误的人，浪费了大量投资资金。创建支持性创新团队的概念往往植根于技术、产品开发、研究和数据。随着战略可行模式的构建，人们越来越需要了解和部署人才情报，其涵盖范围广泛的企业生态系统和支持层面，从内部专业人才地图绘制、供应商能力到人才招募，等等。

**您的团队的使命和愿景是什么？**

矩阵模型为下一步创新提供了许多选择。其中一些看起来像“审判日”，而另一些则如同将我们带入机器人统治下的大型企业世界。我们相信，有很多非常聪明的人在扮演着不同的角色，但并非都是正派角色。因此，我们组建了这支团队，所有成员都相信要为好人做好事。我们鼓励客户出于正确的原因做出正确的决定。作为一支创新型团队，我们希望为每个人而不是少数人创造更美好的东西。

**您的团队的主要产品和服务是什么？**

我们为行业领导者解决创新、数字化转型、模式开发和市场趋势方面的复杂的市场问题。我们以人才为导向的服务包括一系列市场调研、员工网络分析、行业发展战略、团队发展、模型开发和投资论证。

**您的团队的主要客户是谁?**

创新型高增长企业团队、初创企业、风险投资孵化器和加速器。他们需要利用人才、市场和行业趋势数据，推出新产品，或将落后的服务转变为新的收入来源。

**您有需要重点介绍的成功案例吗?**

与许多公司不同，我们不为客户的成就邀功，不声称我们的战略如何改变了价值数十亿美元的漏斗，也不声称我们帮助客户避免了什么危机。我们通过与数十个领域中最优秀、最聪明的人才建立联系，获得工作机会，并懂得如何与团队合作。

**您的团队在未来几年将如何发展?**

我们将继续招聘和培训人才，现已划分多个团队，推出面向公众的服务，并将继续发展我们的信息感知网络。

## 高通

本部分由高通（Qualcomm）战略劳动力规划负责人阿纳布·曼达尔（Arnab Mandal）完成，特此致谢。

**您的团队是何时、出于何种原因成立的?**

高通希望利用内部员工数据和外部劳动力市场数据，围绕地理趋势、人才情报和竞争洞察，帮助制定更全面的人才战略。我负责领导劳动力规划和人才情报团队，从人才的角度应对业务挑战。

**您的团队的使命和愿景是什么?**

高通的战略劳动力规划团队是一个人力资源专业中心，

专注于提供劳动力规划、竞争对手情报和人才分析能力，帮助领导层规划未来的劳动力设计，并制定路线图。该团队的任务是帮助提供内部和外部人才状况的整体视图，从而确保我们能够在合适的地点、以合适的成本、在合适的时间获得合适的技能。

**您的团队的主要产品和服务是什么？**

我们的核心服务包括人才洞察研究、竞争对决卡、信息发布、职位发布分析、内部员工和薪酬跟踪与预测、流失率研究等。

我们定期系统地向企业提供竞争对手的最新招聘信息，并分析技能群组，以确定潜在的人才来源（如初创企业和大学研究团队），满足未来的招聘需求。

我们的数据团队与多家劳动力规划供应商合作，深入了解各地人才库的可用性；此外，还关注潜在雇主、大学人才管道、多样性、成本、基础设施和其他因素，以深入了解成熟和新兴的人才热点。

**您的团队的主要客户是谁？**

我们的主要客户是工程部门、业务部门、人力资源业务合作伙伴、人才招募部门和多样性与包容性部门。

**您的团队在未来几年将如何发展？**

我们希望开发详细的员工人数预测模型，帮助企业和财务部门更好地控制人才成本。

本节还利用外部公开数据进行了充实。

## 英国石油公司

［本部分由人才情报经理迪尔布拉·史密斯（Daorbhla Smyth）完成，特此致谢。］

英国石油公司（BP）是一家英国石油天然气公司，总部位于英国，拥有60 000名员工，营业额达1642亿美元。该公司放出豪言：到2050年或之前成为一家净零排放公司，并帮助全球实现净零排放。要实现这一目标，吸引、雇用和留住合适的人才绝对至关重要。

**您的团队是何时、出于何种原因成立的?**

英国石油公司成立于2021年1月。公司从一家国际石油公司转型为一家综合能源公司后，需要人才招募部门更好地了解外部市场，为公司成功和竞争所需的关键战略人才决策提供信息。

**您的团队的使命和愿景是什么?**

我们所做的一切都是为了给员工、客户和应聘者带来更好的体验。我们通过高质量、及时的洞察力和战略合作伙伴关系来实现这一目标。

**您的团队的主要产品和服务是什么?**

外部技能分析、竞争对手人才分析和市场规划。

英国石油公司内部的人才情报职能涉及多个方面，但其核心是招聘和吸引合适人才的能力。人才情报团队将与人才采购和市场情报部门密切合作，规划和实施全球采购战略。

着眼市场，提供创造性采购解决方案是这一职能的核心部分。该职能有两个要素：市场情报和采购情报。

团队在市场洞察方面开展的一些主要活动包括：为企业在任何特定地区或人才库中实现招聘目标提供最有效的战略建议。团队还被视为新技术、人才采购技术等行业趋势的代言人，并将利用有价值的信息完善现有战略。

我们在审视他们的“采购情报”支柱时，会发现其中一些核心活动是围绕“人才招募分析”展开的，即研究招聘漏斗的核心渠道和漏斗转换率。我们还看到，鉴于数据引领的思想领导力，以及采购战略应符合候选人体验及多样性与包容性承诺，采购战略的地位至关重要。我们还看到一些更为传统的招聘活动，即直接寻找候选人进行战略采购，并不断扩大公司的潜在候选人库。

英国石油公司人才情报团队的主要客户是业务高级副总裁和副总裁以及人才集成商。

**您有需要重点介绍的成功案例吗?**

通过对竞争对手和技能的深入了解，英国石油公司天然气和低碳能源业务部门得以确定一项人才发展战略，该战略将支持英国石油公司氢气业务的更广泛扩展，并与该组织的商业扩展保持一致。这项活动还促成了绿色氢能解决方案副总裁的确定和成功聘用。由于行业人才情报分析是在内部进行的，而非寻求外部咨询支持，因此该团队节省了约 12 万英镑的成本。

**您的团队在未来几年将如何发展?**

与内部人力资本分析团队建立更紧密的合作关系，以提供更全面的见解和早期干预，帮助英国石油公司保持市场竞争力。同时，加强与猎头公司和战略性劳动力规划的协同作用，为发现顶尖人才提供支持，并重点培养这些人才的未来发展。

本节使用了英国石油公司人才情报首席顾问的公开招聘信息。

## 提讴艾全球

［本节由提讴艾全球（TOA Global）人才情报主管何塞·马里·加西亚（Jose Mari Garcia）完成，特此致谢。］

**您的团队是何时、出于什么目的成立的?**

我们团队最初成立于 2022 年 3 月，是从协助业务流程外包公司招聘业务的人才资源团队升级而来。由于之前的人才资源团队主要负责招聘的行政流程，因此我们将其升级为人才情报团队。他们主要负责以下工作：高级人才寻访、招聘营销和数据报告。

**您的团队的使命和愿景是什么?**

成为世界一流的人才团队，为求职者提供优质体验，促进业务增长。

**您的团队的主要产品和服务是什么?**

我们公司的服务是从菲律宾向澳大利亚、新西兰、加拿大、英国和美国的客户提供离岸会计和簿记服务。

作为一个团队，我们致力于规划和实施具有创造性、成本效益和数据驱动的人才寻访战略。我们确定、管理和评估积极主动的人才情报计划，针对特定职位的人才寻访战略、计划和策略，涉及人才网络、互联网招聘、数据库挖掘、人才推荐、广告响应、专业外联和先进的寻访技术。我们针对市场行业、技能组合、人才概况和地区实际，确定并应用适当的潜在人才生成技术。

**您的团队的主要客户是谁？**

作为一家公司，我们的业务遍及澳大利亚、新西兰、加拿大、英国和美国。

**您有需要重点介绍的成功案例吗？**

我们每月为 200 名菲律宾会计师和簿记员提供工作机会。我们为当地会计师提供培训和国际认证，使他们具备全球竞争力。我们与社区、学术界和组织合作，以提升人们的职业水平。

**您的团队在未来几年将如何发展？**

作为一个人员配备齐全的团队，团队负责人和成员包括：战略采购、招聘营销、候选人关怀、数据管理、研究与分析。

本节还利用外部公开数据进行了充实。

## Shopify

［本节由 Shopify 高级人才市场研究员詹妮弗·德·玛丽亚（Jennifer De Maria）完成，特此致谢。］

Shopify 是一家总部位于加拿大的跨国电子商务公司，总部设在安大略省渥太华市，拥有 10 000 多名员工，营业额达 30 亿美元。

**您的团队是何时、出于何种原因成立的?**

团队成立于2020年，最初的目的是引导采购人员采用更有针对性的方法寻找人才，并逐渐演变为寻找多样性数据、与其他行业和竞争对手的计划和流程进行基准比较，以及其他更复杂、更细微的要求。

**您的团队的使命和愿景是什么?**

结合内部和外部数据，同时与业务保持一致，对挑战提出方向性见解。

**您的团队的主要产品和服务是什么?**

劳动力市场摘要、报告和分析，回答问题陈述。

**您有需要重点介绍的成功案例吗?**

越来越多的人知道什么是人才情报，高层领导对数据洞察力广度的认可也有助于拓展这一学科。

**您的团队在未来几年将如何发展?**

增加人员数量，并认识到人才情报对组织的影响。

## 小结

可见，“好”完全是主观的，你只需要与自己竞争，不断推动和挑战这一基准，永不止步。如果你满足于“好”，而周围的世界却在前进、变化和发展，那么你对“好”的定义就很有可能不再适用。

**作者寄语**

- 将“可定制的标准化”作为一个框架，让你的人才情报“厨师”能够发挥他们的创造力和天赋。
- 不要过分关注其他组织的“好”。绝对要以自己的工作为基准，努力开发自己的产品。但要记住，“好”完全是主观的。
- 永不止步！“好”永远在前进，不断在提升，要不停地向“好”奔赴。

# 第16章 人才情报的未来是什么?

对于人才情报行业而言，这是一个激动人心的时刻。前方没有平坦的大道，作为一个行业和职能部门，我们可以有多种选择。

## 人才情报技术产业的未来

正如我们在第 1 章中所讨论的，我们目前正处于人才情报产品与平台的第二次浪潮中。优秀的人才情报平台大量涌现，这些平台的核心是人才管理和内部分析，而不是传统的以外部为重点的人才情报产品。

### 扩展

我们目前正处于对人力资源技术生态系统进行空前投资的时期。新冠疫情大流行以及与之相关的劳动力短缺，意味着企业在人力资源技术上的投入比以往任何时候都要多，以试图更好地了解劳动力市场。高需求、低供应、高损耗和工资飙升，加上风险投资行业的“烧钱”，最终导致投资达到了前所未有的水平。在这种情况下，我们看到新的平台越来越频繁地被推出，每个平台都有自己的数据、产品和客户关注点。

但从更长远的角度来看，这些平台未来会如何发展呢？

主要有以下几个方面。

## 并购

尽管平台总数在急剧增长，但平台整合的曙光初现。我认为，展望未来，许多平台的并购将是一个自然选择的过程。从市场份额的角度看，产品供应和进入新市场的机会增多，但从整体客户群来看，供应商数量过多，不可能长期持续下去。同样，我预计随着市场紧缩和经济衰退的来临，许多拥有投资资本的公司将感受到更大的压力，其必须在更困难的市场中获得投资回报，因此会寻求较早退出。

当你把以内部为重点的人才情报供应商和以外部为重点的人才情报供应商结合在一起时，就会发现其中蕴含的商机。试想一下：当招聘经理创建需求单的时候，他们可以通过自动应聘系统获得实时的外部劳动力市场可行性数据；绩效管理系统可以突出显示优秀员工的人才流动情况；薪酬系统可以直接嵌入市场，显示应聘者的要求和竞争对手的薪酬；流失率监控系统可以跟踪离职者，并根据离职者的新公司和新职位，凸显其原团队的离职风险。

人才平台的种类繁多，它们之间的协同作用也非常明显。

## 专业化

我认为，未来的另一条道路是产品的高度专业化。我们在许多成熟市场的大型软件供应商身上看到过这种情况，特别是在市场清算和并购之后，小型供应商无法与大型供应商在规模上竞争。因此，高度专业化，以开辟一个利基市场是正确的方向。这很可能是我们将看到的二次市场变革。

但什么指专业化呢？

专业化可以指一个围绕特定行业的细微差别而设计的人才情报平台。比如，采矿业的人才情报与技术、零售或石油天然气行业有何不同？

同样，专业化也可以指围绕一个严格定义的客户群展开工作。专为风险投资公司设计的人才情报平台是什么样的？与多行业企业组织或小型快速消费品公司有何不同？

专业化还可以指基于角色或技能来精简工作。比如，为软件工程情报而投入巨资定制的平台，与为销售、财务或营销情报而设计的平台有何不同？

## 平台生态系统

我认为未来发展的另一条道路是纯平台游戏，即供应商充当数据湖或枢纽平台。我看到越来越多的客户在寻求超越传统供应商平台视角的数据访问。他们需要应用程序接口（API）访问原始数据，以便与自己的内部数据集进行交叉融合。我认为，从供应商的角度来看，这种演变的方式之一是成为“数据即服务供应商”。这种情况下，他们不仅向最终客户提供数据访问，而且还向其他供应商开放数据访问，使其能够在数据集的基础上创建自己的定制产品。说到平台生态系统的演变，我能想到的最好例子就是罗布乐思（Roblox）游戏平台（我的孩子就喜欢玩这个平台的游戏！）。罗布乐思是一个在线游戏平台，拥有约 6400 万用户。除了创建自己的游戏外，罗布乐思还允许用户创建和体验其他用户创建的游戏，以及购买特定的游戏道具。这些道具不仅可以增强游戏性，还可以为创建者（不一定是罗布乐思平台）提供收入来源。

人才情报生态系统会是什么样的呢？想象一下，人才情报供应商不仅可以创建自己的人才情报产品套件，还可以让用户、客户、其他供应商、学术界使用他们的基础设施和数据集，或者将其作为开放平台，供任何人试验和创建新的解决方案。这种平台生态系统的演变将允许专业化、定制化和实验化平台的出现，并优于当前供应商平台。此外，新供应商的进入门槛、所需的大规模数据湖和相关成本将大大降低。

## 人才情报职能的未来

正如我们在第 7 章中所讨论的，人才情报可以在多种职能中找到用武之地，并且有些职能的建立将更加自然。展望未来，最吸引我的发展道路有两条，我们现在就来探讨这两条道路。

### 集中情报

集中情报是一个有趣的概念，即在整个组织内设立一个横跨所有学科的集中情报中心。如此一来，人才情报、竞争对手情报、市场情报、营销情报和商业情报等职能，都将汇集到一个集中的情报中心。起初，这似乎有点“离题万里”，因为我们刚刚用了一整本书的篇幅，详细介绍了人才情报的复杂性，以及我们通常是如何与其他职能和产品区分的，尽管各种职能间也存在互补性。

不过，集中情报中心可以提供一些非常值得探讨的方向。我一直青睐限定式集中的模式，即有以下限定的集中情报中心。

● 产品：人才情报、营销情报等。

● 业务部门：每个业务部门都有一个由人才情报、营销情报、商业情报等组成的“老虎队”，并为该业务部门独立工作。

● 市场：按市场划分业务部门，但每个市场都有自己全面（人才情报、营销情报、商业情报等）且自给自足的情报单位。

## 技能

从技能的角度看，尽管如前所述，各类职能之间存在一些根本性的差异，但同样存在一些集中和调整技能组合的机会，以实现增长和规模经济。有几种技能，无论是硬技能还是软技能，都可以在数据素养、数据可视化、数据故事、商业敏锐度、利益相关者管理和咨询技能等各个因素之间自由流动。这些技能的流动性和可转移性很强。

这种集中情报中心还可以让个人在不同产品之间流动，使他们既能在各个领域发展自己的技能，又能减少技能瓶颈，降低职能风险。

## 产品

集中情报最有趣的一点是，它既能探索和采用其他情报团队提供的产品，如人才情报部门采用营销情报部门的“情报在线”，又能探索这些产品之间的互补性，并将各种元素整合在一起，创建综合情报产品。这将为领导者和决策者提供比以往任何时候都更加全面的信息。

作战模拟就是一个很好的例子，我们可以从中看到一些综合的思维方式。作战模拟是一种演习，在这种演习中，你可以将自己置于主要竞争对手的位置，进行角色扮演。他们会如何应对特定情况？他们会通过什么手段做出反应？他们将如何反制我们的战略？然后，你再回到自己的位置上，思考如何反击。如果你正在考虑举办作战模拟工作坊，那么由集中情报中心来举办，而不是由不同的团队共同举办，将会更快、更有意义。

## 知识管理

任何情报小组面临的最大挑战之一就是知识管理、沟通和重复工作。将所有人集中到一个团队和一个社区，拥有集中的系统、流程、工具和知识管理平台，意味着可以大大减少重复工作，增加整个组织的知识转移能力。

## 智能系统

我们在上文讨论的大部分内容都是在研究现有的系统、

流程、工具和团队，并寻求使它们更有效地相互配合，为最终客户服务。展望未来，有一个领域非常有趣，那就是智能系统。智能系统是指利用机器学习、人工智能、预测分析、机器人流程自动化等技术，赋能情报机构做出更快、更高质、更可重复、更有影响力的决策和建议的系统。我们可以以预测分析为例。孤立地将预测分析用于人才情报，以预测竞争对手的行动虽说是可行的，但数据集、数据清洁度和直接相关性都将处于初级阶段。如果将其与营销情报相结合，那么我们将能够看到竞争对手的产品方向、市场渗透率和投资领域，建立更有价值的预测模型，并大大提高预测的准确性。

集中情报模式还将我们的“客户”基地转移到一个集中控制的机制中。起初，这感觉有违直觉，但这让情报团队能够真正以数据和情报为主导，而不是像嵌入业务流程或职能部门那样，试图寻找数据和情报来确认预先确定的结果。集中情报的核心产品是情报，并会围绕这一核心集中所有力量。我想探索的第二个未来情景是，思考如何将这一服务融入一个更加统一、更具整体思维的组织。这一思考仍属于人力资源的考虑范围。

## 劳动力分析、情报、预测和战略

尽管我们在第1章中讨论了人才情报的定义，并达成了一致，但我认为，随着人力资源分析、劳动力规划、人才分析和人才情报的发展，人才情报的未来可能是一个统一的劳动力情报功能。它将包括人才情报、人力资源分析、劳动力规划、人才预测和规划、竞争对手情报等子集。它们都在劳动力分析、情报、预测和战略（WAIFS）的旗帜下各司其职。

这将如何呈现？

在人力资源部门内，我们有一系列团队和分析产品，它们围绕潜在员工、候选人、前员工的员工生命周期进行松散对齐，并叠加需求规划、外部情报、文化情报等背景要素。其大致排列如下。

- 潜在雇员：采购情报、招聘营销分析。
- 候选人：人才招募分析。
- 雇员：人力资源分析、员工敬业度、劳动力规划、人才预测、人才战略。
- 前雇员（再次成为潜在雇员）：离职面谈。
- 有些要素会根据需要随时叠加，例如：候选人倾听、社交情报、位置情报、劳动力情报、竞争对手情报、文化情报。

所有这些结合起来会形成一个整体的劳动力分析、情报、预测和战略职能，能方便我们查看当前状态。同时我们可以使用内部和外部数据集进行预测和决策。这将为我们的领导层客户提供迄今为止最完整、最强大的劳动力可行性洞察。

具体可分为以下几个主要因素：

- 劳动力数据采集与工程；
- 劳动力报告和分析；
- 劳动力产品；
- 劳动力战略情报；
- 劳动力情报决策支持；

- 劳动力情报未来学家。

让我们更详细地探讨一下。

## 劳动力数据采集和工程

顾名思义，劳动力数据采集和工程职能的重点是“获取数据”，然后为这些数据创建稳定、可扩展的平台和生态系统。这种数据同样可以是内部和外部的替代数据源。劳动力数据采集和工程是一个有价值的混合职能，既关注主要和次要数据的获取，又将技术和非技术结合起来。在此范围内，我可以收集候选人信息、社交情报、离职面试分析等情报，可通过网络搜索、供应商关系和应用程序推送，也可通过大规模人才招募情报监测等。劳动力数据采集和工程将与各团队的分析师、项目经理和其他数据工程师合作，了解劳动力管理生态系统，确定相应的数据需求，并利用合作和对齐的机会对合作伙伴施加影响。

劳动力数据采集和工程还具有强大的劳动力情报“臭鼬工厂”元素。臭鼬工厂最初是某集团的一个秘密研发团队的名称，现在是一个组织内部通常在正常研发渠道之外的小型创新团队的名称，旨在推动快速研究或原型设计。在人才/劳动力情报团队中，这些小组可以发挥巨大的作用，利用我们所掌握的劳动力市场数据的力量，看看有哪些可能性。

劳动力数据采集和工程支柱负责创建平台和基础，并建立正确的数据模型，使报告、分析和智能支柱能够茁壮成长。他们将是数据采集、架构和数据仓库管理方面的专家。

## 劳动力报告和分析

报告和分析在许多人眼中往往逊色于更炫目的预测分析、机器学习和人工智能，但实际上，绝大多数人力资源数据和劳动力数据的使用，仍处于报告和分析领域。目前，人力资源领域有许多团队负责为不同的客户群提供报告和分析。这可能是招聘营销分析、人才招募分析，以及与员工敬业度、劳动力规划或人才预测和需求规划相关的人力资源分析。

通过将相关职能集中到一个团队，你可以通过限定来保持对客户的关注，但你将在三个主要方面获益：首先，提高规模经济和效率；其次，增加职业发展途径和专业化选择（允许减少流失率、提高员工敬业度等）；最后，有机会以更全面的方式查看数据集，这在孤立的分析团队中是不太可能实现的。

员工敬业度如何影响人才招募渠道的转化指标？外部候选人或员工情绪如何影响招聘营销支出？雇用时间的增加如何影响业务绩效或流失率？我们如何将人才预测、需求规划、招聘能力规划和渠道转化指标结合起来，以了解实现预测规划的可行性？

## 劳动力产品

劳动力产品部是一个产品经理团队，是客户需求和技术交付的交汇点，拥有各种规模的产品，如自助服务工具、数据即服务、情报在线、人力资源分析产品套件等。劳动力产品部负责这些产品和服务的整个生命周期——从需求收集、数据可行性、构建、用户体验、产品推广、实施、市场策略和嵌入，到不断取得成功，以及未来的产品迭代和功能开发。

这一角色或能力对于确保所开发的产品和工具符合目的、满足业务需求、与战略目标保持一致，以及在推出时获得成功，并在推出后继续获得成功，都是至关重要的。

## 劳动力战略情报

劳动力战略规划和人才情报往往是互补的。战略性劳动力规划的设计是着眼于组织的战略目标，并通过人才、技术和各种雇佣模式（例如，购买、构建、借用）的组合来制定战略，以实现这些目标。基于此种理解，外部视角的重要性不容低估。市场上的技能组合正在发生什么变化？竞争对手是如何定位自己的？我们希望在哪些地点建立分支机构？可行性如何？我们的早期职业计划是什么？大学是否正在培养我们需要的技能人才？战略性劳动力规划预测的人才缺口是什么？我们如何利用人才情报来缓解这一缺口？我觉得这些问题与人才情报问题类似。

战略性劳动力规划可以并入劳动力战略情报角色，将二者合并为一个劳动力战略顾问，由劳动力情报未来学家和劳动力数据工程职能负责。合并后的角色将负责研究三至五年的战略计划，以及可行性和潜在风险，并将成为高级战略顾问，充分参与领导团队的长期规划。

## 劳动力情报决策支持

这一因素将取代我们目前看到的一些传统的人才情报产品，例如位置情报、竞争对手情报或文化情报。这一因素侧重于一次性决策点支持，可能集中在 3~18 个月的时间里。它不会驱动长期战略思维，而是驱动已在长期战略中设定但情况已发生变化的决策点。你可能需要重新评估和重设可行性或降低风险。这也将竞争对手情报或文化情报等，直接与并购情报等产品相联系。在这些产品中，围绕这一决策点需要特定的情报需求。

可以预见，如果你发现有重复的需求，或者有需要扩展的需求（例如，情报在线、重复的位置分析等），那么你就会寻求产品团队拥有的解决方案。

## 劳动力情报未来学家

劳动力情报未来学家的职能是展望未来，在各个角落寻找可能破坏长期规划的潜在不利因素和情况。他们很可能具有劳动力、应用或行为经济学或商业分析的背景，正如第 11 章中关于人才情报未来学家角色的讨论所述，他们将系统地探索关于劳动力市场未来的预测和可能性，以及劳动力市场将如何从现在走向未来。他们将为“战略性劳动力情报”提供信息，研究“购买”战略、“构建”战略和“借用”战略的可行性以及长期稳定性。

不断变化的人口结构将如何影响我们的劳动力队伍？自

动化将如何影响战略?不断变化的政治局势将如何影响劳动力市场的动向和公司获得人才的机会?不断变化的文化将如何影响人才的获取(例如,对临时工、自由职业者或远程工作的需求增加)?劳动力参与率如何影响我们的扩展能力?

这些人员还将与企业领导层和内部经济学家紧密合作,在宏观经济学和微观经济学的交叉点上进行沟通。

劳动力分析、情报、预测和战略职能将与更广泛的情报机构(并购战略、营销情报、组织设计与效力、薪酬与福利、房地产情报或竞争对手情报)合作,共同研究数据协同效应。例如:

- 房地产情报将关注市场趋势、投资组合基准、市场风险,但也会关注地点情报。
- 并购战略部门关注协同效应评估、目标评估,但也可能关注竞争对手情报、组织结构图、薪酬基准,以及多样性、公平性和包容性情报。
- 营销情报部门自然会关注产品、市场和客户洞察与情报,但也可能对竞争对手情报和人才流动感兴趣。

## 人才情报卓越中心

最后一个思考模式是当前发展路径的直线演变:人才情报职能部门脱离当前的托管职能,成为一个独立的卓越中心。它可以是一个集中化的人才情报卓越中心,提供全面的战略指导、最佳实践和交付,也可以是一个单一的卓越中心,提供战略指导和最佳实践,并在本地业务中嵌入交付机制。

之所以能看到这种演变，是因为围绕着人才情报工作（人才招募、营销情报、人力资源分析、劳动力规划、战略等）的冲突层出不穷，争论不休。造成这种情况的主要原因之一是，人才情报是一个范围广泛的整体功能和产品，影响着所有组织的每一个领域。

多年来，我们一直听说有要将人才招募、管理和开发逐步合并为一个整体的人才组织，尽管我们已经看到一些团队向同一个领导汇报，但任何一种协同或共生关系，在很大程度上都还没有发生。我认为，造成这种情况的原因在于，本质上，各职能部门仍在按照非常不同的关键绩效指标、目标、愿景和时间框架开展工作。正如我们前面所讨论的，这些都将推动团队内部形成独特的行为和机制。这种独特意味着要真正合并这些职能正变得越来越困难。出于同样的原因，我认为人才情报部门可以开辟出自己的一片天地。人才情报作为一种功能，其性质是千变万化的，涉及直接的目标决策支持、深入的采购情报研究和长远的战略劳动力规划。正是这种业务节奏的变化能力及其带来的显著商业价值，可直接影响到组织的顶层和底层，从而使该职能与众不同。

但如何才能做到这一点呢？我预见人才情报职能将与当前的人才职能并行运行，无论是管理、招聘还是开发。同样，业务利益相关者也可以从这些职能中的每一个层面找到合适的合作伙伴，且通常以人力资源业务合作伙伴为渠道。我认为业务利益相关者与人才情报部门的关系也是如此。例如，你可以设置业务人才情报合作伙伴和战略人才情报顾问。

## 业务人才情报合作伙伴

业务人才情报合作伙伴要与招聘经理合作，进行本地基准设定、决策支持、可行性规划、组织架构基准设定、竞争对手分析和薪酬基准设定，从而使以客户为中心、灵活多变的运营和战术人才情报能够影响决策。

## 战略人才情报顾问

战略人才情报顾问与高层领导一起研究未来战略的可行性，其工作重点是解决非常复杂或普遍存在的问题。他们可以完全独立地开展工作，并经常被指派专注于尚未确定战略的领域。他们将影响组织的优先事项、业务流程，以及业务战略方向。

正如劳动力分析、情报、预测和战略模型中所讨论的那样，这两种角色都将利用跨客户和业务通道的技能和服务，如集中交付支持、分析、数据工程、产品等，但在本例中仅限于人才情报职能。

尽管与《2021人才情报社区基准调查》中强调的理想状态不同，但与当前状态相比，一个重大转变就是将人才情报职能转移到人力资源部门之外。与其他“人才”职能相比，这是一个很大的变化，因为其他“人才”职能目前都隶属于人力资源部门。人才情报职能应直接向首席运营官、首席商务官、首席财务官或首席战略官报告，具体取决于企业的决策机制。我将人才情报置于人力资源部门之外的原因如下：

● 人力资源部门通常被视为以内部为中心的职能部门，从根本上说是企业的顶置职能。因此，要推动面向未来的人才情报职能，建立所需的外部关注和业务可信度是非常困难的。

● 同样，在规模较大的人力资源组织中，建立商业焦点和增长思维也是非常困难的，因为这些组织不太可能在其关键绩效指标、目标、衡量标准、愿景等方面制定业务增长目标。

● 同样，人力资源部门天生就有一种规避风险的文化，这是理所当然的。这对于人力资源部门而言是绝对合适的，但在竞争激烈的人才情报领域，却会限制和扼杀创新。人才情报团队被剥离出来后，可以进行更多的实验，并建立人才情报“匠人”团队，真正推动实验和数据探索。

● 业务职能部门往往会建立自己的平行产品，他们需要团队在以商业为重点、时间敏感和业务关键的活动中灵活、快速地开展工作。从设计上看，许多人力资源流程对时间并不敏感，速度也不是它们的重点。它们往往是周期性和定期性的，具有非常明确和确定的交付成果。这与企业对现代人才情报的时效性要求产生了根本性的文化冲突。

● 任何人力资源职能的核心之一，都是在平等的基础上形成的，这是绝对必要的。然而，从人才情报的角度来看，你的客户和利益相关者在其影响或重要性方面是绝对不平等的。你只能处于一个有优先排序的环境中，因为你的能力永远无法达到你需要的水平。

- 最后，重新定位人才情报将向企业强调劳动力市场数据的力量。人才往往被认为是领导者最大的资产，而获得人才则是领导者制定战略时面临的最大风险，因为他们掌握的用于决策的人才数据过少。人才分析和情报团队与企业的业务保持一致，并能满足企业的需求，这将有助于增强企业领导者对人才情报成熟度和可信度的信心。

## 小结

人才情报的未来令人激动，这是我们创造自己命运的时刻。行业的发展趋势是“集中式情报职能”、“劳动力分析、情报、预测和战略职能”，还是“人才情报卓越研究中心”或是其他，都取决于人才情报从业者。未来会有很多机会，协同效应、伙伴关系和发展机会只受限于我们的想象力。在整个过程中，我们需要明确客户是谁、我们要实现什么目标，然后逆向思维，创建最能实现目标的模式。无论采用哪种模式，我们都需要证明其对组织的价值和影响，以确保我们以最合适的模式发展。

从供应商和技术的角度来看，我认为在下一波产品设计浪潮中，我们将看到大量的演变和发展。随着供应商的交叉合作和数据集以及平台的相互促进，市场格局会不断演变、流动、融合，新的机遇也会随之而来。

**作者寄语**

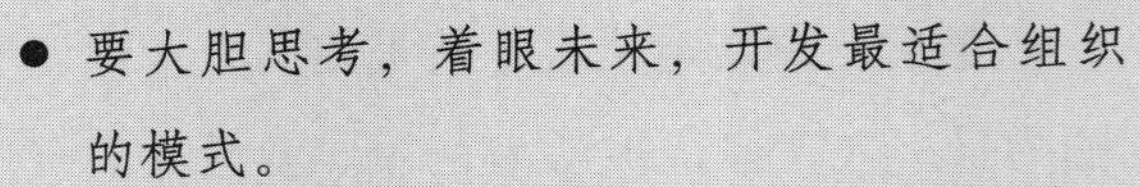

- 要大胆思考，着眼未来，开发最适合组织的模式。
- 如今，将技能与组织目标结合起来创建全新人才情报机制的机会很多，要勇于挑战现状，不断创新。
- 人才情报行业正处于快速发展的第二次浪潮中，要利用这一时机与供应商和合作伙伴携手努力，共同打造未来的供应商格局。

# 第17章 社区故事

这本书始终把更广泛的人才情报界放在心上。要对这个群体充满热情。这个群体中有许多了不起的人物。我想确保在本书中留出空间，让他们分享自己的心声，并为进入这一领域的人提供一些建议。有鉴于此，我联系了他们，问他们：如果你们能给现在刚入行的人一些建议，你们会建议什么？如果你们重新开始人才情报事业，你们会怎么做？他们是这样回答的。

## 凯莉·巴尔达辛，亚马逊网络服务高级人才寻访部门助理研究员

凯莉·巴尔达辛（Kaylee Baldassin）是亚马逊网络服务高级人才寻访部门的助理研究员，主要负责建立高管人才市场的情报能力。此前，她是一家知名猎头公司的研究员，与风险投资公司及其投资组合公司合作进行高级人才寻访。在加入猎头之前，她在某数据公司领导风险投资数据的二级研究工作。

**您从事人才情报工作多久了？**

**四年了。**

**如果让您给初入人才情报领域的从业者一些建议，您想说些什么？**

深入思考如何将数据引入招聘流程。始终质疑当前的流程，相信总会有更好的方法。

**如果重新开始您的人才情报职业生涯，您会采取哪些不同的做法？**

掌握更多数据分析方面的基础技能。

**您认为未来几年人才情报领域将如何发展？**

我认为，我们将看到招聘工作向自动化和更加依赖"智能"的方向转变。与商业情报的转变类似，企业解决内部业务需求的方式也会发生转变。我预测人才市场上将出现更多此类分析。"旧式"人才招募方式与新式数据驱动和自动化方式之间，似乎正在发生转变。未来几年，这种转变将继续推进。

## 阿纳布·曼达尔（Arnab Mandal），人才情报和劳动力规划专家

**您从事人才情报工作多久了？**

十多年了。

**如果让您给初入人才情报领域的从业者一些建议，您想说些什么？**

没有100%准确的数据。

**如果重新开始您的人才情报职业生涯，您会采取哪些不**

**同的做法？**

加强外部人才数据与内部人才数据的结合。

**您认为未来几年人才情报领域将如何发展？**

目前，由于对高素质人才的巨大需求，企业面临着人员流失率高的挑战，这意味着企业需要更加重视人才，以实现业务目标。我认为，在不久的将来，随着企业开始将人才情报与业务增长相结合，人才情报将成为更多战略决策的一部分。

## 萨姆·弗莱彻，贝宝人才情报主管

萨姆·弗莱彻（Sam Fletcher）在贝宝（PayPal）建立了人才情报部门，并在科技和金融服务领域拥有高级人才寻访、人才招募和咨询背景。

**您从事人才情报工作多久了？**

在人才招募和高级人才寻访领域拥有十年以上的工作经验，同时还拥有五年以上的人才情报工作经验。

**如果让您给初入人才情报领域的从业者一些建议，您想说些什么？**

寻找机会培养和积累人才情报所需的基础技能，即使这些技能并非在人才情报环境中获得。我将这些技能概括为分析和数据科学、数据可视化、数据叙事、咨询技能。最好再具备一些基础编程技能（Python 或 R 语言），也要会使用 PowerBI 或 Tableau 等平台，这些技能将为你在人才情报中取得成功奠定基础，同时也会让你在大多数与数据相关领域的职业生涯中受益匪浅。

**如果重新开始您的人才情报职业生涯，您会采取哪些不同的做法？**

和许多人一样，我的人才情报职业生涯，也是从人才招募和高级人才寻访开始的。如果重来，我会采取专注的研究和分析方法，更加积极主动地应对重大机遇或挑战。我还会更早地开始搜索招聘广告。

**您认为未来几年人才情报领域将如何发展？**

随着投资者越来越关注与人才相关的数据、这些数据日益透明，企业人才情报部门将与财务、审计和投资者关系团队建立更紧密的合作关系。我们还将看到专为私募股权和风险投资公司建立的人才情报团队，以及为企业风险投资团队提供支持的人才情报部门。

## 雷切尔·英格里塞，亚马逊市场情报经理

雷切尔·英格里塞（Rachel Engrissei）领导的市场情报招聘团队，是亚马逊领导力高级人才寻访团队的一部分，专注于招聘最资深的设计领导者。这些领导者将领导亚马逊的各项计划，并塑造亚马逊产品及客户体验的未来。该招聘团队是一个集中式小组，为亚马逊全球范围内的所有产品和计划提供支持，包括产品设计、用户体验和用户界面、品牌和营销设计、用户研究、人工智能、机器学习、语音用户界面设

计、基于自然交互的用户界面等。

**您从事人才情报工作多久了？**

三年了。

**如果让您给初入人才情报领域的从业者一些建议，您想说些什么？**

乐于接受新事物和新知识。

**您认为未来几年人才情报领域将如何发展？**

人才情报将改变人才招募。

## 苏马利亚·派恩，艾特莱森人才情报分析师

苏马利亚·派恩（Soumalya Pyne）是一名分析师，六年前决定投身人才情报行业。他曾在多个业务领域工作过。高德纳的人才神经元（TalentNeuron）是他迈向市场研究领域的第一块垫脚石。在高德纳工作期间，他的强项是围绕竞争对手情报、成本分析、地点分析等提供战略研究成果。目前就职于艾特莱森，他与全球人才招募团队和领导团队合作，帮助和支持基于市场研究洞察的战略采购。简而言之，创建具有视觉冲击力的仪表板、解读数据和讲述品牌故事是他的工作职责。

**您从事人才情报工作多久了？**

七年了。

**如果让您给初入人才情报领域的从业者一些建议，您想说些什么？**

任何不仅热衷于数据，而且热衷于如何将数据转化为行动计划的人，都能在这一领域取得成功。如果你有一颗“为什么”（而不是“是什么”）的好奇心，你就能在人才情报的道路上扬帆起航。你需要在研究的方方面面都对数据提出疑问，以利用有意义的见解，帮助你的组织在招聘、业务拓展、人才发展指数等方面制定坚实的战略。

**如果重新开始您的人才情报职业生涯，您会采取哪些不同的做法？**

从我从事人才情报工作之初，我就在科技、汽车、航空航天和国防、石油和能源等不同领域工作过。但是，如果现在给我一个机会，我想从一个特定的专业领域开始我的职业生涯，把自己打造成一个“中小型企业”。这样做有一些好处，比如我可以完全了解自己的专业领域、专业领域内的最新动态，更好地与具有类似经验的中小企业建立联系，以及了解自己专业领域内大多数雇主的情况。

**您认为未来几年人才情报领域将如何发展？**

人才情报在过去五年间飞速发展，现已成为所有公司都在关注的一个关键领域。随着公司之间为各自岗位聘用相关人才的竞争日趋激烈，如何在人才市场上保持领先地位，获得一些额外的情报非常重要。此外，人才情报在企业提升员工敬业度、多样性、公平性及包容性、人才品牌和战略决策方面发挥着关键作用。在我看来，未来几年内，每家一线公司都会有一个人才情报团队，而科技公司将领衔这一趋势。

## 尤多西娅·帕帕，亚马逊网络服务研究助理兼营销情报分析师

尤多西娅·帕帕（Evdokia Pappa）在英国取得博士学位，从事学术研究工作，但她意识到这是一个非常孤立的领域，于是她转而从事市场研究领域的商业研究工作，后来又转入行政人员招聘领域，从事研究和市场情报工作。她对人才情报一见钟情。

**您从事人才情报工作多久了？**

有一年至四年的市场调研经验。

**如果让您给初入人才情报领域的从业者一些建议，您想说些什么？**

养成大胆思考的习惯。

**如果重新开始您的人才情报职业生涯，您会采取哪些不同的做法？**

尽早地与商界领袖建立联系。

**您认为未来几年人才情报领域将如何发展？**

随着大数据的加入、自动化的进一步发展，我们将能更快地查明细节。

## 李怡婷，美光科技战略劳动力情报全球经理

李怡婷（Lee Yi Ting）在人才招募领域工作了约八年时间。大约两年前，她抓住机会成立了劳动力战略情报团队，起初团队中只有她一人。但不到一年的时间，由于客户和业务部门看到了这项工作的价值，她的团队扩大到五人。在李怡婷看来，劳动力战略情报团队是更大的人才招募团队的数据提供者和洞察力推动者，致力于将内部人才招募数据与全球人才市场数据和行业研究相结合，并进行分析，以提供人才和市场洞察力。

**您从事人才情报工作多久了？**

大约两年。

**如果让您给初入人才情报领域的从业者一些建议，您想说些什么？**

与外部网络积极沟通，进一步了解这一职能。因为人才情报是一个相对较新的领域，值得不断探索。与利益相关者分享你的关键优先事项，并征求他们的意见和建议，你可能会惊讶地发现，他们提出的意见和建议可能更好。努力实现速赢，因为你可能需要证明对创建团队的投资是合理的。不要将自己或团队局限于特定的重点领域，要不断探索，对各种想法持开放态度。

**如果重新开始您的人才情报职业生涯，您会采取哪些不同的做法？**

有意识地定期与客户和利益相关者沟通，并定期征求反馈意见。

**您认为未来几年人才情报领域将如何发展？**

可能性太多了！我在想，人才情报可以发展成类似于人才战略的职能，将公司目前的状况与市场洞察力和最佳实践相结合，以确定所有与人才相关的战略。

## 金·布赖恩，艾迈斯半导体全球见解和情报主管

金·布赖恩（Kim Bryan）是一位经验丰富的人力资源专家，拥有多个行业和部门的从业背景，擅长人才招募和招聘流程外包，并积极参与人才情报职能的开发。

**您从事人才情报工作多久了？**

六年了。

**如果让您给初入人才情报领域的从业者一些建议，您想说些什么？**

我的建议有三点：第一，保持谦虚。无论你做了多少研究，总有更多东西需要学习。谦虚的态度将使你对新想法和新理念保持开放，并在每个阶段征求他人意见。第二，在每天的工作中给自己留出创意空间，用于思考和分析工作。在这个空间里，你可以考虑用新的和改进的方式来表达你的见解和建议，从而吸引利益相关者的注意力。第三，要持续专注。我们学习一个感兴趣的主题时，由于会不断地拓展研究

以至于可能会偏离原定目标。比如，一开始在研究制药业的竞争对手，四个小时后，竟在阅读一篇关于机器人疫苗疗法的晦涩文章。请合理安排你的研究时间，确保你有足够的时间来撰写有意义的文章。

**如果重新开始您的人才情报职业生涯，您会采取哪些不同的做法？**

更加明确界限和限制。在人才情报部门，我们喜欢解决问题，但这往往会导致范围扩大或对时间尺度和交付产生不切实际的期望。要勇敢、诚实地商讨哪些是可以实现的、哪些是相关的。

**您认为未来几年人才情报领域将如何发展？**

人才情报目前正在不断发展，并将继续发展，不久将开始真正进入预测分析领域，并利用更多横跨不同业务领域的数据。无穷无尽的可能性令人兴奋，但有一点不会改变，那就是员工的重要性。消化数据、反馈成果和提出建议的能力，仍将是人才情报的核心所在。

## 莫莉·斯塔基，亚马逊高级市场研究员

莫莉·斯塔基（Molly Starkey）在亚马逊工作了六年。她职业生涯的大部分时间都在从事招聘工作，但大约一年前，她将工作重心转移到了人才情报领域。目前，她的工作地点在明尼苏达州。

**您从事人才情报工作多久了？**

不到一年。

**如果让您给初入人才情报领域的从业者一些建议，您想说些什么？**

我仍然觉得自己是个新手，刚刚起步。回顾我的人生旅途，对我最有益的建议是不要害怕寻求帮助或合作。因为，其他人很可能也有类似的想法，而联合起来的项目会更有力量。

**如果重新开始您的人才情报职业生涯，您会采取哪些不同的做法？**

参加更多分析和数据方面的正式培训。

**您认为未来几年人才情报领域将如何发展？**

我希望未来人才情报在公司尤其是大型组织中更加正规化。

## 肖恩·阿姆斯特朗，顾问

肖恩·阿姆斯特朗（Sean Armstrong）是一名记者、顾问和导师，在领导力、激励机制和人才方面有三十多年的研究经验。

**您从事人才情报工作多久了？**

三十多年了，但这个领域已经被贴上了许多标签。

**如果让您给初入人才情报领域的从业者一些建议，您想说些什么？**

倾听、思考、忠于自己，不要理会那些反对者。

**如果重新开始您的人才情报职业生涯，您会采取哪些不同的做法？**

我将做一个更好的领导者。

**您认为未来几年人才情报领域将如何发展？**

百花齐放的繁荣过后，尘埃终将落定，届时简单的解决方案就会出现。

## 珍妮弗·德·玛丽亚，Shopify 招聘专员

珍妮弗·德·玛丽亚（Jennifer de Maria）曾在非营利部门和零售银行业工作，她是一名机构高级人才寻访者和招聘专员。

**您从事人才情报工作多久了？**

两年了。

**如果让您给初入人才情报领域的从业者一些建议，您想说些什么？**

与领导层建立联系，并保持步调一致，以显示人才情报如何帮助企业应对业务挑战。

**如果重新开始您的人才情报职业生涯，您会采取哪些不同的做法？**

掌握更多的技术技能。

**您认为未来几年人才情报领域将如何发展？**

企业将为人才情报设置一个高管席位。人才情报主管将与首席人力资源官平起平坐。

## 艾丽莎·戈德斯坦，亚马逊首席项目经理

作为一名移民专家，艾丽莎·戈德斯坦（Aliza Goldstein）一直对基于技术、环境、经济和政治移民趋势的全球人才流动非常感兴趣。凭借国际事务背景和对高技能劳动力的热情，人才情报自然而然地成为其帮助跨国公司雇主做出战略性和明智的全球扩张决策的途径。

**您从事人才情报工作多久了？**

十八年了，现在还在继续。

**如果让您给初入人才情报领域的从业者一些建议，您想说些什么？**

相信数据，但不要遗漏现实世界中的事实，二者相互结合才能讲述真实的故事。有时，数据并不能为你提供全面的信息，你还需要进行更深入的调查，以了解可能发生的情况。你要积极地调查和提问。这些洞察力将使你的研究质量更上一层楼。

**如果重新开始您的人才情报职业生涯，您会采取哪些不同的做法？**

如果重新开始，我会在职业生涯的早期磨炼自己的分析能力。在汇总和分析大型数据集以及提出有理有据的意见时，

这是一项非常宝贵的技能。我必须努力提高这方面的技能，才能为客户提供更好的产品。

**您认为未来几年人才情报领域将如何发展？**

我希望看到聚焦未来趋势的多种产品的整合。

## 珍妮·伦茨，任职于吉纳维耶夫（Genevieve）咨询集团有限责任公司

珍妮·伦茨（Jenni Lenz）自2005年起便以集团人才招募顾问的身份，涉足人才情报和市场洞察领域。她拥有二十五年的人力资源和人才招募工作经验。

**您从事人才情报工作多久了？**

从2005年开始。

**如果让您给初入人才情报领域的从业者一些建议，您想说些什么？**

我认为，如果你想从事人才情报方面的工作，那么拥有人才招募方面的直接经验会很有帮助。我认为，真正学习和了解你所支持的企业和行业的角色是有益的。

**如果重新开始您的人才情报职业生涯，您会采取哪些不同的做法？**

此刻，我想不出在哪些地方可以采取不同的做法，但我随时欢迎新的建议和想法。

**您认为未来几年人才情报领域将如何发展？**

我喜欢人才情报的角色随着时间的推移而不断演变。我很荣幸能够担任这样一个职位。它年复一年地为我们所支持的企业创造价值。我相信人才情报的职能将成为各垂直市场和行业的主流。

## 里什·班纳吉，力特（ZTEK）咨询服务有限公司战略与人才招募管理副总裁

里什·班纳吉（Rishi Banerjee）拥有超过十五年的高级人才寻访、市场情报、竞争对手情报、人才情报方面的从业经验。

**您从事人才情报工作多久了？**

十多年了。

**如果让您给初入人才情报领域的从业者一些建议，您想说些什么？**

了解人才市场，学会创建人才角色。

**如果重新开始您的人才情报职业生涯，您会采取哪些不同的做法？**

掌握Excel。

**您认为未来几年人才情报领域将如何发展？**

（1）企业在从何处招聘和招聘谁的问题上将变得更加敏感。

（2）人才分析的数据可视化将成为新常态。

（3）在正确的人才洞察力的支持下，招聘经理将更加了

解人才。

（4）公开薪酬信息将成为一种公认的规范，我们将看到不同的角色与按地点划分的特定薪酬等级挂钩。

（5）非现金薪酬（股权、福利等）将在定义下一代人才情报方面发挥重要作用。

（6）支持人才情报的较新平台将配备内置人工智能和机器学习引擎，以支持基于场景的挑战。

## 金·哈默尔，财捷集团（Intuit）人才情报主管

金·哈默尔（Kim Haemmerle）从事人才招募工作近十五年，主要从事人才研究。她拥有招聘、采购、项目管理和高级人才寻访等方面的背景，深知企业在主动识别人才趋势方面的需求。金·哈默尔在接受图书馆员正规培训的同时，还接受过猎头公司的培训。凭借其专业知识，她成为一名人才情报专家，在全球范围内为客户提供战略性的解决方案。

**您从事人才情报工作多久了？**

九年了。

**如果让您给初入人才情报领域的从业者一些建议，您想说些什么？**

保持好奇心。始终寻找问题背后的原因，因为根本原因永远不会浮在表面。

**如果重新开始您的人才情报职业生涯，您会采取哪些不**

**同的做法？**

我在人才情报兴起之初便开启了人才情报职业生涯。今天被认为是理所当然的资源，在我入行之时要么还处于萌芽阶段，要么根本不见踪影。当然，我们那时也没有人才情报社区。新人们应充分利用过去十年间行业的发展成果，并利用一切机会寻找新资源、掌握新方法、熟悉新平台。

**您认为未来几年人才情报领域将如何发展？**

我认为人才情报和人力资本分析将与劳动力规划合并，成为一站式人力资本研究中心。通过汇集不同的研究实体，我们可以真正开始讲述劳动力市场和竞争对手的故事，从而对企业产生成倍的影响。

## 普拉尚·卡利亚尼，印度招聘机器（Hiringbot）软件有限公司人才情报主管

普拉尚·卡利亚尼（Prashanth Kalyani）在银行、金融、保险和人才研究领域拥有约二十年的工作经验。招聘机器是维帕尼集团（VipanyGroup）的姊妹公司，从事人员招聘服务。卡利亚尼负责研究损益等业务，领导并培训一支涉及研究、获客、交付、创新等领域的团队。该团队以“Talent Chanakya”为品牌经营人才情报业务。

**您从事人才情报工作多久了？**

七年了。

**如果让您给初入人才情报领域的从业者一些建议，您想说些什么？**

我的建议是，将重点放在确定各种数据来源和收集数据的方法上，并学习如何从收集到的信息中得出结论。

**如果重新开始您的人才情报职业生涯，您会采取哪些不同的做法？**

学习先进的数据分析工具，了解客户或业务团队的期望，帮助他们做出关键的业务决策。我将为客户提供全视角的洞察和报告。

**您认为未来几年人才情报领域将如何发展？**

展望未来，数据将如同石油般宝贵。因此，各行各业的数字化以及企业经营方式将发生快速变化。了解人才动向、人才如何适应就业市场的变化，以及公司如何才能留住或聘用最优秀的人才至关重要。市场对人才分析的需求将是巨大的。以人工智能为特色的人才工具仍有其局限性，人才情报只有在人工干预的情况下才会有效。未来几年，人才情报行业将迎来成倍的增长。

# 第 18 章

# 总结

当我们开始这次探险时不禁要问：有多少领导者是大脑根据直觉做决策的？什么是“迈着太空步的熊”？在企业中，这些盲点是什么？如何通过有效的劳动力市场和人才情报来减少这些盲点？说到这里，我希望你对自己组织中的盲点有更多的了解，或者至少知道自己可以实施哪些举措来减少这些盲点。

关键要记住，盲点并不像想象中那么可怕：万事开头难。你要学会寻找可用的数据集，研究人力资源系统、财务系统和招聘系统。如果你不具备分析数据的技能，那就与具备技能的人合作。他们可能就职于人力资源分析部门，也可能在财务或营销部门。此外，你的供应商或企业内有意发展数据分析能力的人，也可以是你的合作伙伴。只要你保持开放的态度，认清面临的挑战，具备你所需技能的人就会出现。

无论何时，你应始终牢记：遵守使用数据的道德规范，是你工作的核心原则。你使用的数据是否必要？你处理数据的方式是否恰当？你应该只使用达到目的所需的最低限度的数据，并始终明确处理数据的目的。

你要注意寻找那些警告信号，以那些位于你的舒适区内的项目为起点，寻找那些不适的领域和异常值。在舒适区内，你可以利用自己熟悉的数据集快速建立可信度，并将其作为最初的基础。

你要倾听领导和客户的声音。他们会向你发出购买信号，告诉你他们的痛点是什么、他们的困扰是什么、他们的恐惧是什么。你应思考如何通过有效的人才情报来最好地解决这些问题；明确如何定义客户，并以此为中心点进行反推，然后为自己和职能部门设定使命、愿景、目标和相关的关键绩效指标。在你的衡量标准、既定目标、职能方向，以及如何与更广泛的业务目标保持一致之间，你要有一条清晰的脉络。这将有助于你在最狂暴的风浪中保持正确的方向。

要知道，没人对你的工作设限。我们提供的产品只受限于自己的想象力。客户群是广泛的，相应的人才情报职能和产品范围也是广泛的。你不要被任何传统的信息孤岛或结构所限制；要有大局观、宽广的视野和整体思维。

请记住，要尽量将人才情报职能放在最适合你和你的组织的位置上。没有绝对的衡量标准。你需要考虑的是，你希望与哪些关键机制和目标保持一致，以及由谁负责这些机制和目标的制定和实施，然后与其对齐。

你无须立即掌握所有答案和提供完整产品，这是一个逐渐发展的过程。起初，你会感到纠结，在太多的方向上捉襟见肘。你如同一个多面手一样四处缝缝补补，却无法在任何一个方向取得突破。但请记住一句谚语："多面手涉猎广，往往胜过只精通一个领域的专才。"将这一初始的困难阶段当作试错的机会，把它转化为一种战术优势，从而快速行动，建立大量的初始测试点。但是，在没有相应支持和充分把握的情况下，请不要尝试任何与稳定性、结构化、可扩展或可重复相关的事情。

不要认定必须以线性的方式才能走向成熟，我们完全可以快速跟踪已有的发展和成熟曲线，创建属于自己的发展和成熟曲线。我所建议的成熟度模型并不是从左到右、从坏到好的既定模型，而是一种可用路径的概念。循路而行，你将发现最大投资回报和最具影响力的领域。在组织中，各职能间很可能发展速度不一，这将决定组织前进的方向和速度。你要学会倾听组织的声音，并做出相应的反应。如果任何模型都不适合你的组织，就不要强行套用，否则将出现排斥现象，导致职能失效。

你只要保持开放的心态，就不会缺少工具和资源。无论是付费平台、销售商、合作伙伴或供应商，还是免费的外部数据集、内部数据源，或内部合作伙伴团队，他们都拥有大量的数据。你要发挥创造力，从其他来源重新利用数据集，并思考数据集和合作伙伴团队之间如何互为补充。

至于是业务部门一致化、地域市场一致化、职能一致化，还是集中式、分散式、限制集中式，这都取决于你的企业和文化背景。你可以建立一个最适合你的决策权大小的模式，在适当的情况下，开放思维，借鉴现有的团队机制。大多数模式都有利有弊，请考虑你希望获得哪些益处，以及为实现这些益处你可以做出哪些牺牲。

人才情报团队所需的技能在不断拓宽，你要正视这一事实，寻求建立一个拥有各种技能和背景的职能部门。多样性将为你的团队带来巨大的好处，你要主动地拥抱多样性。你可以引进实习生、轮岗人员、资深员工，根据技能类别、可转移性和发展潜力而非根据固有职位进行招聘。这将使你团队的创造力水平得到提升。

你要思考团队的发展之路，明确职业途径，公开可行与不可用之处。人才情报是一个竞争异常激烈且发展迅速的领域。因此，明确了解可利用的机会，将有助于保持员工的敬业度。同样，员工在团队中的发展瓶颈也要保持透明。你要为员工提供轮岗机会，以获得更广泛的技能；研究更适合员工全面发展的路径，即使这意味着他们将转到其他团队或另建团队。要相信，你的诚信与透明最终将得到回报。

记住，沟通是关键。你要大方且高调地展现自己的成功。在人才情报领域，想成为无名英雄太容易了。团队中的每个人都知道你的付出和成绩，却不了解你在其他团队中所做的工作和产生的影响。你要勇于宣传自己，通过结构化的沟通方式进行广泛而公开的交流，清楚地阐述你的工作内容、你的人才管道，以及你所带来的显著影响。

最后，请记住没有一成不变的“好”。所有公司都在朝着自己的方向发展自己的职能，都在向他人学习，同时主动地分享自己的经验。但要知道，其他组织取得成功的模式并不一定可以复制，反之亦然。请拥抱开放的人才情报社区，它们是知识共享的舞台。在这条人才情报之路上，你不是一个人在行走。行业中的许多人都面临过类似的挑战和挫折，他们就在人才情报社区中支持你。

# 致　谢

请允许我在此表达自己的感激之情，感谢卓越的你们在我撰写本书过程中，启发我、支持我、鼓励我。没有你们的陪伴，就没有此书的诞生。

首先，感谢我的家人。很抱歉，我经常在你们面前谈论这本书。娜塔莉（Natalie），你是我最坚强的后盾。虽然你不在人才情报部门工作，但我每天对你唠叨这本书，想必也让你成了这方面的专家。我担心下一本人才情报专著的作者将会是你。谢谢家人所做的一切，你们给予我满满的爱，是你们的支持让我能够专心做我想做的事情。孩子们，感谢你们所做的一切。我早起的清晨曾吵醒你们的美梦，我插入的话语曾打断你们的畅聊。感谢你们乖巧地在窗外花园里玩秋千，让我在写作时专注地找寻灵感。你们给了我著书的动力、能量和勇气，你们带给我快乐的每一天。我从心底里感谢你们所做的一切。

感谢我的兄弟姐妹们，感谢你们的支持。陪我走过这一段旅程之后，相信你们对我的工作会有更深的理解。我希望你们阅读此书时，会和我撰写此书时一样激动和开心。

母亲，这是我们生命中最艰难的 18 个月，整个过程中您一直支持着我、鼓舞着我、启发着我。在我的职业生涯中，您和爸爸一样，即使不了解我的职业，也一直是我最大的支持者和喝彩者。没有您，就没有我今天的成就，也不会有今天的我。感谢您的热情、无条件的爱，以及对我的付出。您将一直激励着我前行。

感谢我的家人，你们是我的全部。我爱你们胜过一切！

人才情报社区的朋友们，感谢你们真诚、开放和富有启发的对话与支持，让我每天都对人才情报行业的潜力感到振奋。作者与读者之间能建立如此密切和透明的关系实属难得。离开你们的支持，就没有我今天的成就。此外，我还要感谢那些慷慨分享最佳实践的业内人士，你们为我清晰地展现了实践中遭遇的困难、面临的挑战和取得的成功。篇幅所限，仅列举以下几位同人：艾莉森·埃特奇（Alison Ettridge）、尼克·布鲁克斯（Nick Brooks）和艾伦·沃克（Alan Walker）。你们是我在人才情报社区播客中的伙伴，是社区活动的支持者和参与者。当然，还要感谢埃伦·莱尔德（Ellen Laird）和莎拉·克莱顿（Sarah Clayton）容忍我的不足。你们是我最好的伙伴，感谢你们。

杰伊·塔里玛拉（Jay Tarimala），非常感谢你对本书以及对整个社区所作的贡献。你对采购和情报的热情极富感染力，请保持这种自然的力量。林登·拉内斯（Lyndon Llanes）、特蕾莎·威克斯（Teresa Wykes）、金·布赖恩、詹姆斯·布朗（James Brown）、雅各布·马德森（Jacob Madsen）、何塞·加西亚（Jose Garcia）、巴里·赫德（Barry Hurd）、阿纳布·曼达尔、达奥布拉·斯迈思（Daorbhla Smyth）、凯莉·巴尔达辛、李怡婷、莫莉·斯塔基、金·海默尔（Kim Haemmerle）、尤多西娅·帕帕、雷切尔·英格里塞、肖恩·阿姆斯特朗、普拉桑特·卡利安（Prashanth Kalyani）、苏马利亚·派恩、珍妮弗·德·玛丽亚、珍妮·伦茨、艾丽莎·戈德斯坦、里什·班纳吉，非常感谢你们精彩的反馈、评论和投稿，谢谢你们的支持。

感谢安妮·蔡和夏洛特·克里斯蒂安森在竞争对手情报和“竞争对决卡”方面的开创性工作。你们是时代的弄潮儿，非常期待未来十年竞争对决卡在行业中的应用。感谢利拉·莫特（Leila Mortet）在人才情报领域对文化情报的出色研究，你正在开拓新的领域，迎接新的挑战，祝你勇往直前。感谢马利克·波尔斯（Marlieke Pols）为这个行业所做的一切——从与萨普纳·巴加特（Sapna Bhagat）和普里亚兰詹·达尔（Priyaranjan Dhar）合作的情报在线（Always on Intelligence）项目，到编写全球首本人才情报白皮书，你是在这个行业中发光发热的一分子，请续写你的精彩。感谢格里特·希默尔彭宁克（Gerrit Schimmelpenninck）和阿纳斯塔西娅·科洛斯（Anastasiia Kolos）在并购情报领域取得的成果。我坚信，这可能是人才情报中最有影响力但目前服务水平较低的领域之一。

感谢乐于助人的迈克·桑迪弗（Mike Sandiford）和Horsefly Analytics 团队为社区所做的一切。感谢你们在本书中围绕人才情报在就业市场中出现率的增加所提出的见解。没有你们，本书就不够完整。

感谢过去十年间我的历任领导，感谢你们信任我，鼓励我去探索和实践，并把一些想法变为现实。感谢辛西娅·伯克哈特（Cynthia Burkhardt）和艾伦·阿格纽（Alan Agnew），如果没有你们的远见和授权，我将永远无法完成我在荷兰皇家飞利浦开创的事业。本书中的许多素材均来自于此。感谢我在亚马逊的历任领导，他们是香农·米勒（Shannon Miller）、格雷格·阿伦特（Greg Arendt）、丹·威尔逊（Dan Wilson）、安德鲁·威林汉（Andrew Willingham）和迈克尔·福斯特（Michael Foster）。你们对我的信任，使我的团队得以建立和开展工作。我对团队的潜力和前景充满信心。

感谢与我并肩奋斗十年的团队，你们使这一切成为可能。团队中的每一位成员都是我眼中最聪明、最勇敢和最上进的人！普里亚兰詹·达尔（Priyaranjan Dhar）以一种创新的方式解读人才情报中的数据科学。安德烈·布拉德肖（Andre Bradshaw）以其独特的方式解决各个层面的数据问题。还有许多尚未提及的优秀团队成员，没有你们，这一切皆不可能实现。篇幅所限，以下仅列出部分成员：库马尔·瓦伊巴夫（Kumar Vaibhav）、阿比南丹·乔杜里（Abhinandan Choudhury）、大卫·帕普（David Papp）、里沙夫·查利哈（Rishav Chaliha）、马里奥·加西亚（Mario García）、赛法利·达尔维（Saifali Dalvi）、赛义德·哈里斯（Syed Haaris）、娜塔莎·保罗（Natasha Paul）、吉安玛利亚·福斯奇尼（Gianmaria Foschini）、伊丽莎白·维尔滕斯（Elisabeth Wiltens）、萨姆埃勒·莫拉（Samuele Mola）、刘敬贤（Jingxian Liu）、阿努克·弗洛普（Anouk Fülöp）、劳尔·阿门达里斯

（Raul Armendariz）、克里斯·阿克顿（Chris Acton）、丹尼尔·威尔逊（Daniel Wilson）、戴西·普里托（Daysi Prieto）、伊丽莎白·维纳普（Elizabeth Winup）、詹姆斯·琼斯（James Jones）、瑟鲁蒂·巴蒂亚（Shruti Bathia）、阿格尼丝·郑（Agnes Jeong）、格兰特·丘巴（Grant Ciuba）、瓦拉里·帕伊（Vallari Pai）。我们的团队仍在发展壮大中，一个个优秀的成员共同撑起了这个卓越的团队。没有你们，本书就不会出现。虽然有的成员现已转到其他岗位，但令人欣慰的是，仍有许多成员继续在人才情报这一领域耕耘，并取得了丰硕的成果。

我认为约翰·沙利文（John Sullivan）博士是当代最有影响力的作家之一，也是这个行业中最聪明、最敏锐的评论家之一。在此，向您致敬。

过去 20 多年间，乔希·伯辛（Josh Bersin）致力于提高整个人力资源行业的标准。可以说，从未有谁在此行业产生过如此广泛的影响。感谢您所做的贡献，并祝您的劳动力情报项目取得成功。

在最后，感谢我的编辑安妮-玛丽·希尼（Anne-Marie Heeney），我确信你一定会读到这最后一段。感谢你所做的一切。没有你的支持与指导，本书也将难以成形。你引领我在正确的写作之路上前进，督促我冲过终点。感谢你的支持。

我知道我可能忘记提及一些我应该感谢的人。对此我深表歉意。了解我的朋友都清楚，我的记忆力还有待提高。

总之，感谢所有人。是你们，让我梦想成真。